高职高专院校"十三五"实训规划教材

ZONGHE DIZHI LUJING SHIXUN ZHIDAOSHU

综合地质录井实训指导书

主编　申振强　张亚旭　何小曲
主审　刘朋梅

西北工业大学出版社

【内容简介】 本书主要阐述常用钻井地质录井技术基础性、实用性内容。第一篇介绍常见地质录井方法,内容包含岩屑录井、岩芯录井、钻时录井、荧光录井、钻井液录井,重点介绍岩屑录井、岩芯录井。第二篇介绍综合录井的基本知识,重点介绍钻井异常解释和传感器。第三篇介绍完井地质总结的编写方法。本书紧密联系实际,重点介绍常见地质录井的原理及其操作。

本书可供石油地质勘探、钻井技术、油气开采技术等专业在有综合录井模拟设备的学院地质录井实训教学的师生使用,也可供录井中级技术人员和其他相关专业人员学习参考。

图书在版编目(CIP)数据

综合地质录井实训指导书/申振强,张亚旭,何小曲主编.—西安:西北工业大学出版社,2016.12

ISBN 978 - 7 - 5612 - 5162 - 1

Ⅰ.①综…　Ⅱ.①申…②张…③何…　Ⅲ.①录井－高等职业教育－教材　Ⅳ.①P631.8

中国版本图书馆 CIP 数据核字(2016)第 317976 号

策划编辑:杨　军
责任编辑:李阿盟

出版发行:西北工业大学出版社
通信地址:西安市友谊西路 127 号　邮编:710072
电　　话:(029)88493844　88491757
网　　址:www.nwpup.com
印 刷 者:陕西向阳印务有限公司
开　　本:787 mm×1 092 mm　　1/16
印　　张:10.375
字　　数:245 千字
版　　次:2016 年 12 月第 1 版　2016 年 12 月第 1 次印刷
定　　价:28.00 元

前　言

本书是根据高职高专院校地质及其相关专业的培养目标和相关课程教学实践要求编写而成的。全书共分三大篇，十四个项目。第一篇主要介绍常见地质录井方法，内容包含岩屑录井、岩芯录井、钻时录井、荧光录井、钻井液录井，对岩芯和岩屑进行详细介绍；第二篇主要介绍综合录井的基本知识，重点介绍钻井异常解释和传感器原理及其安装；第三篇主要介绍完井地质总结的编写方法。

在学习本书的第二篇时，应与 LS-1 综合录井系统紧密结合并实际操作，才会起到应有的实践教学效果。

本书由延安职业技术学院的申振强、张亚旭、何小曲主编。第一篇项目一、二、三和第三篇由申振强编写；第一篇项目四由张亚旭编写；第一篇项目五由张庭姣编写；第一篇项目六、七由何小曲编写；第二篇项目一由景永强编写；第二篇项目二由封强编写；第一篇项目八由程俊编写；第二篇项目三由何小曲编写。

本书在编写过程中得到了延长石油勘探公司勘探开发部工程科科长、高级工程师曹天军；延长石油研究院勘探室主任、高级工程师刘绍光；延长石油井下作业工程公司解释中心高级工程师张昌林；延长石油油田公司研究中心工程师陈立军；延长石油油田公司研究中心助理工程师柳朝阳；延长石油勘探公司采气一厂技术科助理工程师刘科如等具有丰富实践经验的地质专家的大力支持，在此表示由衷的感谢！

由于水平有限，书中错误及欠妥之处在所难免，恳请读者朋友们批评指正。

编　者

2016 年 8 月

目　　录

第一篇　常用钻井地质录井

第二篇　综合地质录井

第三篇　完井地质总结

目　录

第一篇　常用钻井地质录井

钻井地质录井简称录井（well logging），在整个钻井过程中，直接和间接有系统地收集、记录、分析来自井下的各种信息，是所有录井工作的总称。录井包括直接录井和间接录井两类。直接观察的如地下岩芯、岩屑、油气显示和地球化学录井；间接观察的如钻井、钻速、泥浆性能变化，各种地球物理测井等。地质录井就是将直接和间接收集、记录的信息加以综合分析，弄清油气层的位置、厚度、流体性质等，为固井、试油、确定完钻深度等提供充分的依据。它也是配合钻井勘探油气的一种重要手段，是随着钻井过程利用多种资料和参数观察、检测、判断和分析地下岩石性质和含油气情况的方法。录井主要包括岩屑录井、岩芯录井、钻时录井、荧光录井、钻井液录井及气测录井等。

项目一　钻时录井

钻时是指每钻进单位进尺地层所需要的时间，单位为 min/m。钻时是钻速（m/h）的倒数。钻时录井就是随钻记录钻时随深度变化的数据。钻时录井特点是简便、及时，钻时资料对于现场地质和工程技术人员都是很重要的。

一、影响钻时的因素

1. 岩石性质（岩石的可钻性）

松软地层比坚硬地层钻时低，如疏松砂岩比致密砂岩钻时低，多孔的碳酸盐岩比致密石灰岩、白云岩钻时低。

2. 钻头类型与新旧程度

为了快速、优质钻进，应当根据地层软硬不同，选择不同类型的钻头。一般钻软地层用刮刀钻头，钻硬地层用牙轮钻头。

新钻头一般比旧钻头钻时低。在钻时录井中，要记录钻头下入的井深，钻头的类型、尺寸、新度，并应仔细观察起出钻头的磨损情况，以判断所钻地层的岩性。

3. 钻井措施与方式

在同一岩层中，钻压大、转速快、排量大时，钻头对岩石破碎效率高，钻时低。涡轮钻转速一般比旋转钻转速大约高 10 倍，故涡轮钻钻时低。相反，钻井措施不当，进尺就少，钻时高。但钻压不能大于规定的负荷。

4. 钻井液性能与排量

低黏度、低密度、大排量的钻井液钻进快,钻时低。一般清水钻进比钻井液钻进的速度要高 1 倍以上。

5. 人为因素的影响

司钻的操作技术与熟练程度对钻时高低均有影响。如有经验的司钻送钻均匀,能根据地层的性质采取措施。当钻遇泥岩和软地层时,采取快转轻压,对硬地层则相对用慢转重压的措施加快进尺,提高钻速。

尽管影响钻时高低的因素较多,但是这些影响因素总是或者至少在一个井段相对稳定,因此钻时大小的相对变化还是可以反映地下岩性的变化的。

二、钻时资料的应用

1. 钻时曲线的绘制

以纵坐标代表井深,以横坐标代表钻时,将每个钻时点按纵横向比例尺点在图上,连接各点即成为钻时曲线。纵向比例尺一般采用 1：500,以便与电测标准曲线对比和岩屑归位。横向比例尺可根据钻时的大小选定,以能表示钻时变化为原则。为了便于解释,在曲线旁用符号或文字在相应深度上标注接单根、起下钻、跳钻、蹩钻、溜钻、卡钻和更换钻头位置及钻头尺寸、类型等内容,如图 1.1.1 所示。

2. 钻时曲线的应用

应用钻时曲线可定性判断岩性,解释地层剖面。当其他条件不变时,钻时的变化可反映岩性的差别。疏松含油砂岩钻时最快,普通砂岩钻时较快,泥岩、灰岩钻时较慢,玄武岩、花岗岩钻时最慢。对于碳酸盐岩地层,利用钻时曲线可以判断缝洞发育井段。如突然发生钻时加快、钻具放空现象,说明井下可能遇到缝洞渗透层。放空越大,反映钻遇的缝洞越大。应该指出的是,同一岩类,随其埋藏深度和岩石胶结程度的不同,反映在钻时曲线上也各不相同。

在无电测资料或尚未电测的井段,根据钻时曲线,结合录井剖面,可以进行地层划分和对比。

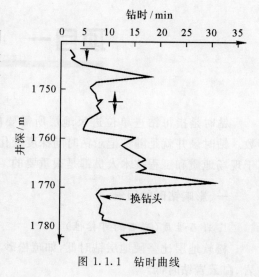

图 1.1.1 钻时曲线

三、钻时录井的原则与采集内容

1. 钻时录井的原则

(1)凡进行岩屑、岩芯和气测录井的井段必须进行钻时录井。

(2)新探区,一般都要从原井深开始录井;油气田区,没有特殊要求,只在目的层录井。

(3)录井间距,应严格按设计执行。

(4)为了保证钻时的准确性,要求每钻完一根单根和交接班时,都要进行井深校对。井深校对的标准是仪器记录井深与钻具计算井深之间的最大误差不得大于 0.2 m。

2.钻时录井采集内容

井深、起止时间、停钻时间、捞取岩屑时间、钻压、转速、泵压、排量、钻头尺寸及类型、钻头蹩跳时间、蹩跳井段、放空起止时间、放空井段、钻头起出新度、钻时等。

3.钻时的求取

(1)钻时＝单位进尺完成的时间－钻单位进尺初始时间－中途停钻时间；

(2)使用综合录井仪和钻时仪的采用仪器采集数据；

(3)取值一般情况下保留到整数。

习题与思考题

1.影响钻时的因素有哪些?

2.说明钻时曲线的绘制方法。

3.钻时曲线的主要应用有哪些方面?

项目二　岩 芯 录 井

岩芯录井是钻井过程中,用取芯工具,将地层岩石从井下取至地面,并对其进行分析、研究从而获取各项资料的过程叫岩芯录井。

岩芯录井流程如图 1.2.1 所示。

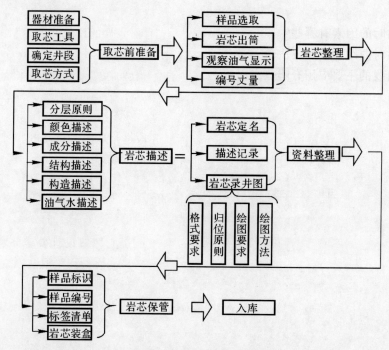

图 1.2.1　岩芯录井流程图

取芯工具如图 1.2.2 所示。

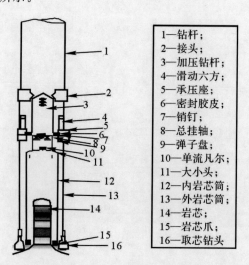

1—钻杆;
2—接头;
3—加压钻杆;
4—滑动六方;
5—承压座;
6—密封胶皮;
7—销钉;
8—总挂轴;
9—弹子盘;
10—单流凡尔;
11—大小头;
12—内岩芯筒;
13—外岩芯筒;
14—岩芯;
15—岩芯爪;
16—取芯钻头

— 4 —

图 1.2.2　取芯工具

任务一　岩芯录井基础知识

一、取芯目的和原则

(1)区域探井、预探井钻探目的层和新发现油气层显示要取芯。

(2)确定地层岩性、储集层物性、局部层段含油性、生油指标、接触界面、断层、油水过渡带等问题层段要取芯。

(3)邻井岩性电性关系不明,影响电测解释精度的层位应当取芯。

(4)对比标准层变化较大或不清区域,应在标准层取芯。

(5)在油水边界落实的准备开发区,要选定一两口有代表性的评价井或开发井集中进行系统取芯或密闭取芯,以获得各类油气层组的物性资料和基础资料数据。

(6)开发阶段的检查井应当根据取芯目的而定,如为查明注水效果,要在水淹处取芯,开采效果不清楚的层位要取芯。

(7)确定完钻层位和特殊地质任务要取芯。

(8)根据取芯目的,卡准取芯层位,按地质设计取芯段进行取芯。机动取芯:依据机动取芯目的,准确判断各项资料,及时上报主管部门,视其情况进行取芯。

二、取芯前的准备与取芯要求

1.取芯前的准备

(1)收集区域地层、构造、含油(气)情况以及邻井钻探资料。按设计要求卡准取芯层位和井段,综合分析各项资料,做到地层对比准、循环观察细、荧光分析及时、取芯井段卡准。

(2)准备取芯、出芯、整理及观察岩芯所需的器材和分析试验用品、试剂(岩芯盒、岩芯标签、刮刀、岩芯刀、榔头、装破碎岩芯或油砂的塑料袋、油漆、石蜡、石蜡纸、牛皮纸、盐酸、氯仿等)。

(3)了解取芯工具的性能,协助钻井人员丈量取芯工具的长度。

2.取芯要求

(1)取芯层位准。

1)取芯前进行地层对比,准确控制取芯层位,要求取出层位的顶底界(即穿鞋戴帽),顶界以上取出 3~5 m,底界以取出为准。

2)依据地质设计要求,区域探井、预探井钻遇好的油气显示进行取芯,评价井在设计目的层外,发现油气显示层位进行取芯,在取芯前均要上报主管部门。

(2)取芯深度准。准确丈量方入,核实取芯钻具组合长度,保证取芯进尺和井段无误:下钻到底,取芯钻进前和取芯钻进结束,割芯前都要丈量方入,方入的丈量应在同一钻压条件下进行丈量(应在钻头接触井底,钻压为 $2×10^2~3×10^3$ N 的条件下丈量方入)。

(3)其他要求。

1)一般取芯钻进中,应加密为 0.25 m 或 0.10 m 记钻时,相应的综合录井采集数据应加密为 0.25 m 或 0.10 m 采集。

2)取芯钻进过程中应正常进行捞样及其他录井工作。

3)取芯钻进过程中,不能随意上提下放钻具,以防损坏岩芯,降低收获率,同时杜绝超长时间磨芯。

4)取芯起钻时,应努力做到平稳操作,控制起钻速度,严禁转盘卸扣、猛提猛刹,防止岩芯脱卡,掉入井内;整个起钻过程中应严密注意井下动静,观察记录井口、槽面油气显示情况。

5)扩划眼深度应小于取芯井深。

6)取芯进尺小于取芯内筒长度 0.50 m 以上,合理选择割芯位置(一般选择在泥质岩地层或较致密的砂质岩地层割芯)。

任务二 卡层取芯

一、卡层取芯方法

(1)吃透设计,明确取芯目的及设计对取芯层位的要求。

(2)熟悉本井所在构造位置、地层层序、各组段岩性组合关系,标准层、标志层、特殊岩性层的特征及埋藏深度,油气层的特征及埋藏深度等。

(3)根据地层变化及油气层情况,结合设计地层剖面图,绘制出地质预告图和邻井对比图,预计本井的取芯位置。

(4)录井过程中,岩屑描述要及时跟上钻头,及时绘制录井草图并不断进行地层对比,并根据地层变化情况,及时做出修正取芯井段的预告。

(5)定位取芯时,在进入取芯井段前 20~30 m 进行对比电测,用电测曲线和岩性剖面与邻井对比,卡出取芯层位,确定取芯目的层深度。若因某种原因,不能进行对比电测时,应在现场用岩屑、钻时等录井资料与邻井对比,确定取芯目的层的预计深度。

(6)见显示取芯时,在钻入目的层之前进行对比电测,对目的层井深进行推算,然后加强录井工作。若钻时变快、全烃升高或发现少量含油岩屑等情况时,均应立即停钻取芯。

(7)利用测井曲线与依据井进行对比,确定取芯深度的明显标志层。找不到标志层时利用电性组合特征和感应曲线上高电导率的纯泥岩作为对比标志,以提高层位卡准率。

(8)未进行中途对比电测的探井要求见显示取芯,在目的层段出现快钻时必须停钻进行循环观察,见油斑(凝析油为荧光)或气测异常时立即进行取芯。

(9)取芯顶界确定后,应在顶界以上 10 m 左右开始试取芯,以确保取全层位,若取芯顶界已钻过,则不再试取。

二、卡层取芯的技术要求

(1)确定取芯深度时,必须用本井实钻资料与邻井进行对比,不能按地质设计预计的深度取芯。

(2)利用随钻资料和电测资料,及时对比地层,确定取芯位置。

(3)确定取芯位置要做到"穿鞋戴帽",卡准率要达到 95% 以上。

(4)要深刻领会设计取芯原则,结合区域地层、构造、油气分布特点,以及邻井钻探资料和井周围注采压力资料等,进行综合分析研究,做好取芯预告。

(5)要充分运用"一对比、二循环、三照射、四取芯"的卡层经验,卡准每次取芯的具体位置。

常用的卡层经验有：

1)"戴帽"卡层取芯,要及时准备好岩屑录井草图,利用大套地层特征、沉积旋回规律、小层厚度变化趋势、钻时及其他录井资料特性和共性、岩性厚度组合关系等与邻井反复对比。尽可能提出几套取芯位置设计方案。一般要求"戴帽"高度不超过 5 m。

2)若地层变化太大,用上述地层岩性对比法没有把握时,要借助邻井标准电测资料进行地层对比,并参考地震资料确定取芯位置。

3)见显示取芯,关键要把握住停钻时刻。如停钻循环见显示,按录井间距记录的钻时也明显加快。但是若停钻前的瞬间,钻速已慢下来,说明显示较薄,已钻过去。因此要注意把握停钻时刻,一般要求油层不准钻掉 2 m,气层不准钻掉 3 m,风化壳不准钻掉 4 m。

4)地下情况不明或工程需要取芯时,临时确定。

任务三　取芯资料收集和岩芯整理

一、岩芯出筒、整理和丈量

(1)岩芯出筒,地质人员必须在场,按岗位分工各行其责,同工程人员一起做好岩芯出筒工作。

(2)钻头一出转盘面,立即用钻头盒子盖住井口,以防止岩芯掉入井内,并从岩芯筒顶部向岩芯筒内投入醒目的标志物。

(3)丈量"底空"和"顶空"。

(4)运用专门工具将岩芯依次取出岩芯筒,排好顺序,标识清楚,保证出筒岩芯顺序不乱。

(5)岩芯出筒过程中,注意观察油气水情况:

1)取芯钻头一出井口,要立即观察从钻头内流出来的钻井液中的油气显示情况和特征,注意油气味,做好记录。

2)边出筒边观察油气在岩芯表面的外渗显示情况,注意油气味,做好记录。

3)不含油气岩芯用清水清洗,含油气岩芯用刮刀或干布除去岩芯表面的钻井液即可,并及时描述含油气产状,做好记录。

4)凡油斑和油斑以上含油岩芯,出筒后应立即擦净表面钻井液,不得水洗,立即取样,用锡纸或蜡纸包好、封蜡,并及时送样分析,装塑料袋,贴好标签。选样过程中要特别注意观察剖开新鲜面的含油气分布与岩性变化的关系。

5)选样后的岩芯要边清洗边做浸水试验,观察油气水显示特征,必要时应依次剖开观察,同时进行滴水试验,鉴定含油岩性,特别是砂岩类含油岩性的含水程度,完成现场油气试验。反复观察,做好观察记录。

6)荧光直照、滴照及取样做系列对比。

7)对储层岩芯进行含气试验:将岩芯浸入清水中,观察岩芯柱面、断面冒气泡大小、产状(串珠状、断续状)、声响程度、持续时间、冒气位置处数及与缝洞关系,有无 H_2S 味,是否冒油花及油花油膜面积等,并用红、蓝铅笔圈出其部位,用针管抽吸法或排水法收集气样。描述气泡大小、产状及冒气与岩性和缝洞的关系、延续时间等。

8)要求及时进行定量荧光和地化分析。

(6)按岩芯断裂茬口及磨损关系,摆放在钻杆上,整理好茬口,破碎、磨损面。

(7)出筒岩芯要进行一次性丈量,严禁分段丈量和人为地拉长或压缩岩芯。用红铅笔或白漆划一条丈量线,每个自然断块自上而下画一个指向钻头方向的箭头,在方向线上半米、整米记号处用快干白漆涂成直径为 1 cm 的实心圆,漆干后用绘图墨汁在实心圆中标明半米、整米数值。

丈量岩芯长度时注意掉块、假芯(特点是松软,手指可以插入,成分混杂,形状不规则,与上下岩芯的岩性不连续)一律不标长度。本次取芯长度超出进尺时,一是要考虑井深是否算错和是否有上筒余芯;二是岩芯茬口、磨光面摆放是否合理。若二者无问题,则常认为是泥岩膨胀、破碎造成的,可将多余的长度合理地压入泥岩段中。对碎芯的丈量是比较困难的。当一般破碎时,必须按岩性、颜色、沉积特征、断面特征、岩芯形状等恢复岩芯原始位置;若岩芯严重破碎,则必须参考碎芯附近整块岩芯的直径和磨损情况,将碎芯堆积起来,力求其体积与附近整芯相当方可丈量。

取芯有余芯一般推至其上一筒,最多推至其上二筒,并准确计算收获率:

$$收获率＝[实际岩芯长度(m)/取芯进尺(m)]×100\%$$

每筒岩芯都必须计算一次收获率,每段或一口井的岩芯取完后,要计算平均收获率(总收获率):

$$总收获率＝[累计岩芯长(m)/累计取芯进尺(m)]×100\%$$

(8)岩芯分块编号:

1)编号用代分数表示:整数为取芯筒次,分子为本块号,分母为本筒岩芯总块数,块号按本筒取出岩芯自顶至底顺序编号,如 $5\frac{6}{32}$,表示第 5 筒岩芯,总块数为 32 块,第 6 块岩芯。

2)由浅至深,按自然岩芯段依次编号,分块长度一般不超过 30 cm。破碎岩芯(破碎岩芯一袋为一个自然岩芯段)无法编号时,用塑料袋装好,写一标签,并标明长度和编号,编号的密度一般为,碎屑岩储集层 0.2 m 一个,泥岩、碳酸盐岩、火成岩及其他岩类 0.4 m 一个,并在每筒岩芯首尾逢"0"逢"5"的编号上填写该筒取芯井段。

3)用白漆在岩芯柱面上涂一 4 cm×2.5 cm 的长方形,漆干后用绘图笔在长方形白漆上编号,或用规格 3 cm×1.5 cm 的卡片填写,书写方向应同岩芯标示箭头方向一致,沿方向线贴在岩芯自然断块或每个装破碎岩芯袋子的中部。

(9)密闭取芯和现场不出筒的岩芯丈量顶空、底空后计算岩芯收获率,并作记录,一般不进行岩芯描述。

二、岩芯样品采集

(1)按钻井地质设计和选送样品要求进行岩芯取样。

(2)取样时将岩芯对好茬口,沿同一轴线用岩芯刀(或岩芯锯)将准备取样的岩芯劈开。

(3)根据钻井地质设计要求在岩芯的一侧统一采样,将采好的样品用玻璃纸包好,一块样品选取同一岩性及含油级别的岩芯。

(4)含油气岩芯采样要求:

1)油浸以上油砂每米取 10 块,油斑和含水砂岩每米取 3 块。

2)碳酸盐岩类：一般岩性每米取 1～2 块，油气显示段及裂缝发育段每米取 5 块。

3)样品长度一般 5～8 cm，松散岩芯取 300 g。

(5)做油层物性分析的样品采样后要及时封蜡，方法如下：

1)加热石蜡锅，熔化石蜡使其温度达 90℃左右。

2)把需封蜡的岩芯用玻璃纸(或蜡光纸)包好并用细绳捆紧放入熔化的石蜡中，反复多次封蜡，逐步降低蜡温，要求封厚达 2～3 mm。

(6)填写样品标签：

1)填写内容包括构造、井号、序号、样品名称、岩芯块号、距顶位置、样品长度、岩性、采样人、采样时间等。标签填写要求一式两份，一份放在岩样包装袋内，一份粘贴在岩芯盒中取样位置做标记。

2)样品位置从取样位置中部至该筒岩芯顶计算，写作"距岩芯段顶××～××"，取样部位应放置取样标签。

3)整块取样处应放置等长的纸板或木板，并贴上取样标签。

4)样品编号，全井统一按顺序编号，补送样品加"补"字另行编号。

5)填写分析化验样清单。

(7)岩芯的整理与保管。

1)岩芯装盒。

①将丈量的岩芯按井深自上而下、由左向右(岩芯盒以写井号一侧为下方)依次装入岩芯盒。

②岩芯盒编号按岩芯由浅至深、盒号由小到大的顺序进行编号，盒号写在左端盒面。试取与正式取芯的盒号要连续编写。

③同一岩芯盒左端侧面标签袋装入岩芯盒卡片，右端侧面标签袋装入填写构造、芯长、进尺、收获率、井号、层位、井段、岩芯编号的标签，岩芯盒外侧若无标签袋，则用永久牢固标识卡粘贴在岩芯盒上。

④在本筒岩芯末端放置岩芯挡板，贴上岩芯底部标签。

2)岩芯保管。装盒岩芯应及时存放于岩芯房妥善保管，防止日晒、雨淋、受潮、倒乱、损坏、丢失及污染。

3)岩芯入库。

①完井后由录井队负责将岩芯及岩芯入库清单(含岩性描述和电子文档)一并送到岩芯库房保存，拉运时必须用篷布盖好，拉运过程中严禁倒乱、损坏和丢失。

②填写入库验收单，一式两份，一份施工单位保留，一份交岩芯库房，现场核对清楚。

③废弃井段的岩芯，应另填清单，并在筒次前加"原"字，自拟井壁取芯清单，内容包括井号、序号、层位、井深、岩性、颗数、交接人签名及日期等。

任务四　岩芯描述

一、岩芯描述原则及描述内容

1. 岩芯描述分段原则

(1)描述前应对岩芯详细分段，用铅笔(一般用蓝色)在岩芯上标出分段界线：倾角大的岩芯,分段线应划在倾斜线中间位置,并分别计算出各段的长度。

(2)一般岩性,厚度大于 0.1 m 的层,均要单独分层描述,厚度小于 0.1 m 的层,做条带或薄夹层描述,不再分层。

(3)厚度小于 0.1 m 的特殊层,如油气层、化石层及有地层对比意义的标志层或标准层等要单独分层描述。

(4)磨损面上、下岩性对不上,或同一岩性中磨损严重者要分层段。

(5)两筒岩芯接触面及磨损面上长度不足 5 cm 的特殊岩性和含油岩性要分段。

(6)同一岩性中存在冲刷面和切割面时要分段。

(7)厚层岩性中不足 5 cm 的特殊岩性和含油砂条,以及厚层中含油岩性不足 5 cm 的夹层要分段,绘图时可扩大至 5 cm。

(8)小于 5 cm 的岩性则作条带处理,只在岩芯柱状图含有物一栏画一条带符号,在描述中简要说明。

(9)凡经分段的岩性或磨损面,都要在描述记录中写明分段长和累计长度。分段长度均以该段岩芯累计长度差为准。

(10)含油气岩芯描述要充分结合出筒显示和整理过程中的观察记录,综合叙述其含油气特征,准确定级。

2.描述内容

岩性定名、颜色、结构、构造及缝洞、含有物、地层倾角与接触关系、物理化学性质、含油气情况、含气试验情况,对含油气变化情况进行二次(出筒前后油气显示的变化情况)描述。

二、碎屑岩岩芯描述

碎屑岩分类标准如下:

(1)砾:

巨砾　>1 000 mm;

粗砾　1 000~100 mm;

中砾　100~10 mm;

细砂　10~5 mm;

小砾　5~1 mm。

(2)砂:

粗砂　1~0.5 mm;

中砂　0.5~0.25 mm　颗粒明显,并能估计出粒径者;

细砂　0.25~0.1 mm　颗粒尚明显,但不易估计其粒径;

粉砂　0.1~0.01 mm　颗粒不清,须用放大镜才能看清颗粒,手搓有粗糙感。

(3)泥:　<0.01 mm　用一般放大镜也看不到颗粒,牙嚼无砂粒。

1.定名

定名:采用"颜色+含油气产状+岩性"的顺序定名。

(1)均一碎屑岩定名及分类。凡主要粒径在 75%以上时为均一碎屑岩。

(2)不均一的碎屑岩采用复合定名原则。

1)定名时后面为主要的,前面为次要的,最前面为更次要的。

　　2)复合名称,一般不超过两种,即同一粒径颗粒含量超过50％者定为主要名称,50％～25％者定为次要名称,25％～5％者,为更次要名称(可不参加定名,而进行描述)。

　　3)砂岩、砾岩的次要名称:细粒为主,粗粒次之,用"状"表示,如砾状砂岩、中粒状细砂岩等。粗粒为主,细粒次之,以"质"表示,如砂质小砾岩、泥质粉砂岩等。主次粒级数量相差较大,更次级的名称用"含"表示,如含砾泥质粉砂岩、含膏粉～细砂岩等。

　　4)不同粒径、颗粒百分比相近得者,一般用"～"符号连接,如砂粒各近50％(50％±5％)则定名粉～细砂岩,或细～粉砂岩。

　　5)砾石含量5％～25％,砂粒含量有超过50％者,可定名为含砾(粉、细、中)粗砂岩,如果两种粒级含量相近者,可定名为含砾粉～细(中～细)砂岩。

　　6)特殊岩性定名,岩石中含某一种特殊矿物、特殊成分或特殊沉积结构,其所占数量超过15％或面积超过20％者,可以此特殊矿物、特殊成分或特殊沉积构造而定名。如鲕状砂岩、含黄铁矿细砂岩、碳质中砂岩、凝灰质细砂岩等。

　　(3)填隙物参与复合定名的情况:填隙物包括杂基及化学胶结物,即广义上区别于碎屑颗粒的胶结物,其含量50％～25％者,用"质"表示。

　　①黏土矿物含量为25％～50％,参与质定名的,如泥质(粗、中、细、粉)砂岩、高岭土质(粗、中、细、粉)砂岩、含砾泥质细砂岩、泥质小砾岩等。

　　②白垩土为弱固结的粉末状方解石,在成岩作用差、埋藏不深的地层中,难以结晶固化。作为碎屑的填隙物,如含量为25％～50％,则可定名为白垩土质(粗、中、细)粉砂岩、白垩土质砂砾岩、白垩土质小砾岩。

　　③化学胶结物含量25％～50％参与质定名的,常见的有碳酸盐、硫酸盐、硅质(蛋白石、玉髓)、铁质等,如灰质(粗、中、细、粉)砂质、云质(粗、中、细、粉)砂岩、膏质粉砂岩、硅质中砂岩、铁质细砂岩等。

　　④岩芯有薄片鉴定的,碎屑岩定名应参照鉴定报告,如含云细粒次长石岩屑砂岩、含灰细粒石英砂岩、细砂质中粒岩屑砂岩、含砾粗粒岩屑砂岩等,其结构必须与薄片定名吻合。

　　2.颜色

　　(1)描述颜色应以块状、干燥、明亮处新鲜面的颜色为准。

　　1)单色:岩石颜色均一,为单一色调,如灰色细砂岩。

　　2)复合色:由两种颜色构成,描述时次要颜色在前,主要颜色在后,如灰白色粉砂岩,以白色为主,灰色次之。

　　3)杂色:由三种或三种以上颜色组成,且所占比例相近。

　　4)色调的差别用"深""浅"表示之。

　　(2)还应注意纵向上颜色的变化,以及与主色调差异较大的色斑、色带的排列、分布情况。

　　(3)对颗粒较粗的岩石,还应写明矿物成分与胶结物的颜色,若可能还应写明是原生的还是次生的颜色。

　　(4)含油气岩石,应注意区分原油浸染的颜色和本色,能看到岩芯本色的,在描述中对本色也应描述。

　　3.碎屑成分

　　(1)碎屑分为矿物碎屑和岩石碎屑(俗称岩块或岩屑)两类,矿物碎屑常见的有石英、长石、云母及暗色矿物等;岩块系指母岩破碎后产物,有岩浆岩块、变质岩块、沉积岩块。

(2)对碎屑成分的描述,只要判明其主要矿物成分及其他成分相对含量即可。主要矿物成分以"为主"(>50%)表示,其余矿物视其成分含量多少,分别以"次之"(25%～50%)"少量"(5%～25%)"微量"(1%～5%)、"偶见"(<1%)表示。

(3)从细砂岩到砾岩的粒级均应写出主要成分、次要成分以及个别和特殊的成分。

(4)有薄片资料的,碎屑成分按照鉴定报告,由多到少依次用百分数表示。

4.结 构

结构包括碎屑颗粒的大小、形状、表面特征、分选情况。

(1)在描述颗粒粒径时,应写出最大、最小和一般的各种粒径的主次或百分含量。

(2)形状描述应考虑到颗粒的矿物成分(细砂岩以上描述),可按卵圆、扁圆、扁长、圆柱形等描述。

(3)砾石圆度分六级描述(见图1.2.3)。

圆状:颗粒棱角已全部磨蚀;

次圆状:颗粒已经过相当磨蚀,棱角圆滑;

次棱角状:颗粒棱角明显,有磨蚀现象;

棱角状:颗粒棱角尖锐或有轻微磨蚀痕迹。

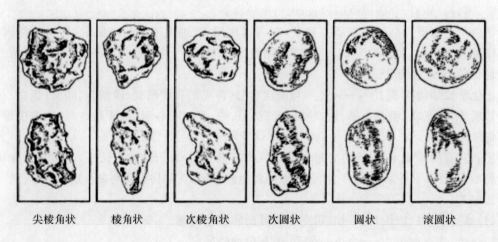

尖棱角状　　棱角状　　次棱角状　　次圆状　　圆状　　滚圆状

图 1.2.3　砾石圆度

(4)分选分三级描述。

分选好:均一粒径占70%以上;

分选中等:均一粒径占50%～70%;

分选差:均一粒径<50%。

(5)砾石表面特征:包括擦痕、裂纹、麻点、霜面、脑纹、风刺痕等。

(6)有薄片资料的,颗粒大小、形状、表面特征、接触关系(颗粒间是否为点、线、面接触或不接触)及分选等结构特征,按鉴定报告描述。

5.构 造

构造包括层理、层面特征、接触关系、颗粒排列、地层倾角、擦痕、揉皱、裂隙等,其中以层理的描述最重要。各种构造特征如图1.2.4和图1.2.5所示。

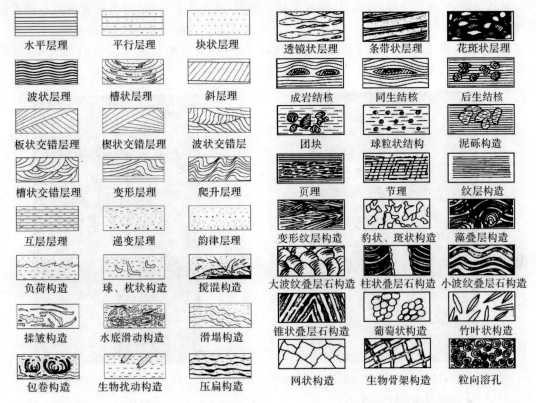

图 1.2.4 构造特征(一)   图 1.2.5 构造特征(二)

(1)层理:是沉积的基本特征,它是由于成分、结构、颜色、定向性等性质在垂向上的变化而形成的层状构造。

1)层理描述:包括形态、类型及其显现原因和清晰程度、组成层理的颜色、成分、厚度。层理类型不同,描述重点也有区别。

水平层:应描述厚度(细层或层)、界面清晰程度、连续性、构成细层的物质界面上是否有生物碎片、云母片、黄铁矿等。

波状层:应描述厚度、连续性、界面清晰程度、波长、波高及对称性。

斜层理:应描述厚度、连续性、界面清晰程度、粒度变化、顶角、底角、形态(直线或曲线)。

交错层理:应描述厚度、连续性、倾角、交角、形态;根据层系厚度,可分为大型(>30 cm)、中型(30~5 cm)、小型(<5 cm)三类。

粒序层理:应描述分选情况,由下而上由粗变细或由细变粗的变化规律,其上下地层是否具有水平层理的泥岩或粉砂岩,是正粒序或反粒序。

洪积层理:应描述有无层理面,分选情况,垂直向上隐隐约约出现多次粗细交替的现象。

透镜层理:应描述横向厚度变化和纵向厚度变化情况。

脉状层理:描述砂质交错层与暗色泥质薄细层在纵向和横向上的分布情况。

韵律层理:描述重复叠置情况。

沙纹层理:描述沙纹层厚、形态、对称性及叠加情况。

均质层理:描述其均质程度。

— 13 —

平行层理:描述其厚度、连续性、层理面是否平坦,有无平行条纹(剥离线理构造),是否伴有冲刷及与逆行沙波层理共生。

变形层理:描述其变形褶皱或包卷的形态、大小,界面清晰程度及与围岩的关系,如图1.2.6 和图 1.2.7 所示。

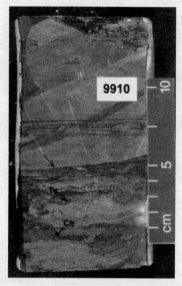

图 1.2.6 互层的平行纹层砂岩强烈生物扰动   图 1.2.7   变形构造的粉砂质泥岩
　　　注意侵蚀性接触(箭头处)

对其他层理,如丘状层理、生长层理、羽状层理、攀升层理等,也应根据实际情况进行描述。显现清晰的层理应有素描图及彩色照片。

2)层理厚度的划分。

块状层理:厚度大于 100 cm 的层理;又称大型均质层理,其构造往往不清晰,它代表了一种快速无分异的堆积条件。

厚层理:厚度在 50~100 cm 的层理。

中厚层理:厚度在 10~50 cm 的层理。

薄层理:厚度在 1~10 cm 的层理。

微层理:厚度在 0.1~1 cm 的层理。

纹理:厚度小于 0.1 cm 的层理。

(2)层面特征的描述。

1)层面特征主要指的是岩层顶、底面上的构造特征,它包括波痕、冲刷面和侵蚀下切痕迹,客观反映了岩石的生成环境,用以判断地层的顶底。

波痕:波高、波长、缓坡、陡坡的投影距离,沉积物粒度的变化,定向取芯应测量其方向。

冲刷痕、压刻痕:应描述其外形特征和分布情况,如图 1.2.8 所示。

其他层面构造,如沙球、沙枕等。

2)其他构造:包括滑塌构造、斑块构造、虫孔构造、植物根迹等。

滑塌构造:描述其构造层内外岩性变化情况,卷曲或揉皱的形状、范围,变形、撕裂或破碎程度,是否伴有小断层。

特征、内部构造与层理的关系和分布状况。

虫孔、爬痕:描述其外形特征和分布情况,如图1.2.9所示。

图1.2.8 冲刷面和槽状交错层理

图1.2.9 垂直生物潜穴

(3)接触关系:根据上下岩层的颜色、成分、结构、接触界线、接触面特征等,综合判断两层是渐变接触(整合接触)还是突变接触(角度不整合、平行不整合、断层接触)、侵蚀接触及缝合线接触等。

对岩芯见到的断层面、风化面、水流痕迹等地质现象,应详细描述它的特征及产状。

(4)颗粒排列情况。

1)砾石排列的方向性、最大扁平面的倾向、倾角以及与层理的关系。

2)砂粒排列主要依据砂级以上的颗粒排列与成分、层理的关系以及颗粒排列是否带韵律性特征等。

(5)地层倾角:凡是岩芯中能分辨层界的都必须测量并记录倾角数值,若从全筒岩芯观察有明显的交错层理,应用文字和拍摄照片(素描)方式表示出来。

(6)擦痕、揉皱:描述擦痕的表面性质、条纹的形状、表面粗糙和光滑透明度,并区别其因受构造运动还是沉积滑动所致。

(7)裂隙。泛指裂缝和孔隙在空间上的组合、叠置关系。

1)裂隙的性质,是张裂隙还是压裂隙。

2)裂隙的宽度、长度、组系及形状。

3)裂隙表面的性质。

4)裂隙中的填充物与填充程度。

5)裂隙中的含油气情况。

6. 胶结情况

(1)胶结物性质。胶结物包括泥质、灰质、白垩土质、泥灰质、云质、膏质、高岭土质、铁质、硅质、凝灰质等。灰质胶结分为"强""中""弱"三级,现场可依据碳酸盐含量分析数据描述:

1)强灰质胶结:用5%稀盐酸滴试,起泡剧烈,并冒白烟,有强的嘶嘶声,碳酸钙含量>15%。

2)中灰质胶结:稀盐酸滴试起泡中~强,但不冒白烟,并有嘶嘶的声音,碳酸钙含量为

10%～15%。

3)弱灰质胶结:稀盐酸滴试起泡微弱,或有轻微的响声,碳酸钙含量＞5%～10%;＜5%可视其他胶结物情况描或不描。

4)云质胶结分级可参照碳酸镁钙含量,＞15%可描为强云质胶结,10%～15%可描为中云质胶结,5%～10%可描为弱云质胶结。

(2)胶结物含量。胶结物大于10%者定为较多,小于10%者定为较少;有薄片资料的,胶结物类别,含量引用薄片鉴定报告。

(3)胶结类型(见图1.2.10)。胶结类型分为点接触式、面点接触式、基底式、镶嵌式和上述四种的混合式等,有薄片资料的,引用鉴定报告。

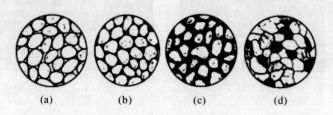

(a)　　　　(b)　　　　(c)　　　　(d)

图 1.2.10　胶结类型

(a) 接触式胶结;　(b) 孔隙式胶结;　(c) 基底式胶结;　(d)镶嵌式胶结

(4)胶结程度分为四级。

坚硬:一般为铁质、硅质或钙质、云质胶结,用锤击不易敲碎,敲碎后断口外棱角锋利。

致密:一般为钙质、云质、膏质、泥质胶结,较易碎,断口棱角清晰。

中等:一般为泥质或少量钙质、云质、膏质胶结,胶结物较少,锤击易碎,用手能掰开或掰断者。

疏松:一般以粉砂质、白垩土质、高岭土质或少许泥质胶结,除白垩土质、高岭土质外,一般胶结物很少,用手指能搓成粉末状,甚至岩芯取出后即成散状。

除此四种基本类型外,可根据实际情况,采用两者之间的过渡类型。

7.充填情况

砾岩一般描述充填物的成分、粒径、数量及与砾石间的相互接触关系;有薄片资料的砂岩,应描述填隙物中的杂基。

8.化石描述内容

(1)种类:一般指出大类即可,有条件的可定出属种;通过古生物鉴定的,可写拉丁语名称。

(2)形态:主要是化石的外形、纹饰和个体大小。

(3)数量和分布情况:用丰度来表示相对含量多少。可用个别、少量、较多、丰富表示相对含量的多少;可用杂乱分散、顺层面富集、成层等,描述分布情况。

(4)保存情况:分完整、较完整、破碎;完整的化石要选样鉴定并素描或照相。

9.含有物

含有物主要指自生矿物和次生矿物的晶体和脉体,如黄铁矿、方解石、盐岩、煤层、沥青、地蜡等,除定名外,要描述其外形、结晶程度、晶粒大小、分布情况、脉体宽度、延伸情况、充填程度与层理的关系等。

(1)可作为储集层的岩性段必须描述此项内容,描述时根据原油性质和储层孔隙类型进行描述。

（2）含油情况：通过岩芯直接观察到的含油显示，见表1.2.1～表1.2.4。

表 1.2.1　孔隙性岩芯含油级别划分标准

定名	含油面积占岩石总面积百分比/(%)	含油饱满程度	颜色	油脂感	味	滴水试验
饱含油	＞95	含油饱满、均匀，颗粒之间孔隙中充满原油，颗粒表面被原油糊满，局部或少见不含油的斑块、团块和条带等	被原油污染后呈棕、黄棕、深棕、褐色、深褐等色，看不到岩石本色	油脂感强，可染手	原油芳香味刺鼻	呈圆珠状、不渗入
富含油	75～95	含油基本连片，较均匀	被原油污染后呈棕、浅棕、黄棕、棕黄等色，不含油部分见岩石本色	油脂感较强，手捻后可染手	原油芳香味较浓	呈圆珠状、不渗入
油浸	40～75	含油不饱满，油浸呈条带状、斑块状不均匀分布，连片差	被原油污染部分呈棕黄、黄棕色，其余为岩石本色	油脂感弱，一般不染手	原油芳香味浓	含油部分滴水呈馒头状
油斑	5～40	含油多呈斑块、条带状，互不相连	多呈岩石本色	无油脂感不染手	原油味很淡	同上
油迹	＜5	含油呈星点状分布，或肉眼难以发现含油显示，用有机溶剂溶解后，可见棕黄、黄色	几乎为岩石本色	同上	极微	滴水缓慢渗入
荧光	肉眼见不到油迹	有荧光显示	为岩石本色或微带黄色	同上	一般闻不到，个别有	缓缓渗入或呈馒头状

表 1.2.2　稠油孔隙性岩芯含油级别划分标准

含油级别	含油面积占岩石总面积的百分比/(%)	含油饱满程度	颜色	油脂感	味	滴水试验
富含油	＞95	含油饱满、均匀，局部见不含油的斑块、条带	棕、深褐、深棕深褐、黑褐色，看不见岩石本色	油脂感强、染手	原油味浓	呈圆珠状、不渗入

续 表

含油级别	含油面积占岩石总面积的百分比/(%)	含油饱满程度	颜色	油脂感	味	滴水试验
富含油	70~95	含油较饱满、较均匀,含有不含油的斑块、条带	棕、浅棕、黄棕、棕黄色,不含油部分见岩石本色	油脂感较强、染手	原油味较浓	呈圆珠状、不渗入
油浸	40~70	含油不饱满,含油多呈条带、斑块状分布	浅棕、黄灰、棕灰色,含油部分不见岩石本色	油脂感弱、可染手	原油味淡	含油部分呈馒头状
油斑	5~40	含油不饱满、不均匀,多呈条带、斑块状分布	多呈岩石本色	油脂感很弱、可染手	原油较淡	含油部分呈馒头状、微渗
油迹	≤5	含油不均匀、含油部分呈星点或线状分布	为岩石本色	无油指感、不染手	能够闻到原油味	滴水缓慢渗入—渗入
荧光	0(网眼见不到油迹)	荧光系列对比6级以上(含6级)	为岩石本色或微黄色	无油脂感、不染手	一般闻不到原油味	渗入

表 1.2.3　重质原油、沥青质原油孔隙性岩芯含油级别划分标准

定名		出筒观察			荧光显示								系列对比级别	滴水试验
		岩芯表面特征	颜色	油味感	直照		喷照			纸上色谱				
					色	强度	产状	色	强度	产状	色	强度		
一级	饱含油	油欲外溢	深	极浓	黄	中	整体	黄	强	均匀	橘黄	强	13级以上	呈珠状不渗
二级	含油油浸	明显油浸感	深	很浓	浅黄~黄	中	整体	黄	强~中	均匀	金黄	强	10~13级	呈半珠状或缓渗
三级	油斑油迹	油浸感	较深	浓	浅黄~无	弱~无	斑块	浅黄	中	斑块放射状不均	浅黄	中等~弱	6~10级	缓渗
四级	荧光	油浸不明显,具水湿感	较浅	淡	无	无	星点	浅黄	弱	光圈	灰黄	弱	3~6级	立即渗入或迅速扩散
说明	1. 岩芯干后,刚出筒时所有观察到的定级特点,就看不到,荧光显示要降低; 2. 轻质油只划分四等级,二级相当于重质油二~三级,三级相当于四~五级,四级相当于六级; 3. 凝析油标准不能用此标准,可根据实际情况自行定级													

表 1.2.4 轻质油孔隙性岩芯含油级别划分标准

定名	含油面积占岩石总面积百分比/(%)	含油饱满程度	颜色	油脂感	味	滴水试验
稠油含油	＞70	含油饱满、较均匀,颗粒被原油糊满,局部见不含油的斑块、团块和条带	棕褐、褐、黑褐色	有油脂感,染手、粘手	有原油味	呈圆珠状、不渗入
稠油油浸	40～70	含油欠饱满	以黑褐色为主	微油脂感、含油部分见岩石本色	原油芳香味较淡	含油部分滴水呈馒头状
稠油油斑	＜40	含油不饱满,多呈斑状、斑点状	含油部分呈黑褐色		能闻到油味	滴水缓慢渗入

含沥青及含蜡不分级别,用文字描述。

(3)含气情况:含气情况可分为岩芯出筒含气观察及含气试验。

出筒含气观察:岩芯未清洗前,观察岩芯表面是否有一层气膜(大量气泡逸出使同岩芯表面黏糊的钻井液形成一层松弛的不规则外套),或有无嘶嘶响声,或有无特殊气味,若有,用棉纱迅速擦净岩芯,标出显示层位。

(4)含水情况。

1)滴水试验:用滴管将清水滴在干净平整的新鲜岩芯断面上,观察水珠的形状和渗入情况,判断岩芯含油、含水显示。滴水渗入速度越慢其含油性越好,反之越差,分为四级,如图 1.2.11 滴水级别所示。

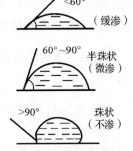

图 1.2.11 滴水级别

一级(速渗):滴水后立即渗入,证明该层含水较多,具有水层的显示特征;

二级(快渗):滴水呈膜状,10 min 内渗入,为油水同层显示。

滴水后水滴向四周立即扩散开或缓慢扩散,水滴表面呈扁平形状,在胶结致密或中等的砂岩中常见,表示含水,多为亲水地层或干层,具有含油水层或致密层的特征。

三级(缓渗):10 min 内水滴呈凸镜状,浸润角小于 60°,为油水层显示。

四级(微渗):水滴表面呈馒头状,浸润角在 60°～90°之间基本不渗,表示不含或微含游离水,具有含水油层或致密层的特征;

五级(不渗):10 min 内水滴不渗,水滴表面呈珠状或扁圆状,浸润角大于 90°,水珠在岩石上可以滚动,表示完全不含游离水,含油(气)很饱满,具有油层的特征。

2)四氯化碳试验。将岩样捣碎,放入干净试管中,加入两倍于岩样体积的四氯化碳,摇晃浸泡 10 min,溶液变为淡黄、棕黄或棕褐、黄褐等色时,证明岩样含油;若溶液未变色,可将溶液倾倒在洁净的滤纸上,待挥发后用荧光灯进行照射,观察滤纸上的颜色、产状,并做详细记录。

3)丙酮试验。将岩样粉碎放入干净试管中,加入两倍于岩样体积的丙酮溶液,摇晃均匀。再加入同体积的蒸馏水。含油时溶液变为混浊,无油时则溶液透明。

4)沉降试验。选取岩芯核部样品 1 g,碾成散粒,放入干净试管中并加入 5 mL 氯仿(或四氯化碳)进行摇晃,用拇指按住试管口,来回颠倒,观察试管内颗粒沉降时的形状。岩石颗粒呈散砂状者为含油显示,呈凝块状者为含水显示。

5)荧光检查。将岩芯放在荧光灯下分别进行直照和滴照,观察是否有含油显示。同时,还可进行系列对比或采用毛细分析法进行分析。

6)油-酸反应试验。取岩芯剖开面中心部位 0.5~2 mm 直径的岩样 2 g,浸没在装有 1~2 mL 稀盐酸的试管中,观察岩块上下浮动程度、气泡大小及有无彩虹色等,有则为含油气。

7)镜下观察。岩芯劈开后首先观察有无油水渗出、钻井液侵入环的颜色及侵入宽度,再选取岩芯核部有代表性、断面平整的小块样品,在双目显微镜下观察岩石颗粒表面有无油膜及油水分布情况,并观察粒度变化对水洗程度的影响。

8)含水鉴别。

水层:见明显水湿感,断面有水珠外渗现象,久放仍具潮感,岩芯表面有一层盐霜,滴水立即渗入,有的有硫化氢臭味;

弱含水:微见潮湿感,放一段时间后,潮湿感消失,局部岩芯可见灰白色盐霜斑块,滴水扩散或缓涌。

拍摄岩芯照片或岩芯扫描:岩芯中重要的地质现象,若文字不易表达清楚时,应拍摄照片或岩芯扫描(图像格式为 BMP 或 JPG 格式),如层理的形态特征,砾石及化石定向排列,上现岩层间的接触关系,裂缝、节理的分布与岩芯柱面的关系,以及特殊的地质现象等,注明图名、比例尺、所在岩芯的位置(块号、距顶距离)。

三、泥页岩岩芯描述

1.定名

定名原则与碎屑岩相同;但泥质岩中页状层理发育的称页岩,不发育的称泥岩。

2.颜色

描述方法与碎屑岩的描述方法相同,但对次生颜色(如色斑及色带)应单独描述。

3.纯度

纯度系指泥质岩中是否含砂质、灰质、云质、膏质、盐质、碳质、凝灰质、铝土质、硅质等,其含量多少;若含量在 5%~25%,可以描述中指出:富含×质(含量为 20%~25%)、含×质较强(含量为 15%~20%)、含×质中等(含量为 10%~15%)、含×质较弱(含量为 5%~10%)、微含×质(>5%)或不描述;若在 25%~50% 间,用质字表示,反映在定名上;作为碳酸含量分析的,灰质、云质用碳酸钙、碳酸镁钙含量百分比表示。

4.物理性质

物理性质包括软硬程度、吸水膨胀性、滑腻感、可塑性、可剥性、断口形状等特征。

(1)软硬程度:泥质岩类的硬度分三级。

软:用指甲可刻划;

较硬:用小刀可刻划;

硬:小刀用力才能刻划。

(2)可塑性:指吸水后的塑性变形,分三级。

好:吸水后可揉搓成细长条,且不易断;

中等:吸水后可揉搓成条,但易断;

差:吸水后不能揉搓成条。

(3)断口形状,常见的有以下几种。

平坦状:断面(破碎面)平坦,但不像解理面光滑,无一定方向;

贝壳状:断面呈圆滑的曲面,有的还具有同心圈,同心纹,似贝壳的内膜;

参差状:断面极其粗糙,参差不齐,不能剥落,无一形状;

鱼鳞状:亦称鳞片状断口,断面似参差状,断口不整齐,并可呈小片剥落;

阶梯状:断面参差不齐,但错落有致,略显台阶状;

锯齿状:断面宏观上大体平整,但细看具较均匀的尖凸,略呈锯齿状;

土状:断面较粗、疏松,手拂之有一层泥土状灰末脱落,有泥膜,可染手。

5.构造

描述内容与碎屑岩基本相同,但具有独特的层面构造,如泥裂、雨痕、晶体印痕等。

(1)泥裂:要注意裂缝形态、张开程度、连通情况以及裂隙充填物的性质,上覆岩层的岩性特征。

(2)雨痕:要注意雨痕或冰雹痕的大小、分布特点以及上覆岩层的岩性特征。

(3)晶体印痕:要注意印痕的大小、分布特点以及上覆岩层的岩性特征。

6.化石及含有物

描述内容与碎屑岩相同。

7.含油、气情况

根据裂缝、节理等油、气或沥青充填和浸染情况,或荧光显示情况,用文字描述,可指出相当于碎屑岩的哪一级级别。

四、碳酸盐岩岩芯描述

1.分类及定名原则

碳酸盐岩定名主要依据岩石中碳酸盐矿物的种类,次要依据岩石中的其他矿物成分。着重突出岩石中的缝洞发育特征,与岩石储集油气性能有关的结构、构造特征。

(1)碳酸盐岩的结构划分,可分为三种类型。

颗粒-灰(或云)泥灰岩(或云岩):根据颗粒与灰(或云)泥两个单元的相对含量来确定分类;

晶粒灰岩(或云岩):主要以晶粒的粗细确定分类;

生物骨架灰岩:在录井中不再细分类,对其特征加以描述。

(2)碳酸盐岩的成分分类。

碳酸盐岩的成分分类见表1.2.5。碳酸盐岩方解石和白云石的两种成分组成的岩石类型。

表 1.2.5　碳酸盐岩分类

岩石类型		方解石/(%)	白云石/(%)
灰岩类	灰岩	>90	<10
	含云灰岩	90~75	10~25
	云质灰岩(或为混积岩云~灰岩)	75~50	25~50
云岩类	灰质云岩(或为混积岩灰~云岩)	50~25	50~75
	含灰云岩	25~10	75~90
	云岩	<10	>90

　　备注:两种成分均为50%(±5%),可定为灰~云岩或云~灰岩,如方解石为48%,白云石为52%则定为灰~云岩;泥质46%,方解石54%,则定为泥灰岩,复合名"~"之后者含量必须≥50%;碳酸盐岩中砂、泥质含量较多时,也可参照表1.2.5命名。

　　(3)碳酸盐岩的成分及结构组分分类。

　　①成分分类见表1.2.6。

表 1.2.6　方解石、白云石和第三种成分(如黏土矿物)组成的混积岩(亦称混合岩)

岩类	方解石/(%)	白云石/(%)	黏土矿物/(%)	岩石名称
灰岩类	50~75	10~25	10~25	含泥含云灰岩
	50~75	10~25	25~50	含云泥(质)灰岩
	50~75	25~50	10~25	含泥云(质)灰岩
云岩类	10~25	50~75	10~25	含泥含灰云岩
	10~25	50~75	25~50	含灰泥(质)云岩
	25~50	50~75	10~25	含泥灰(质)云岩
泥岩类	10~25	10~25	50~75	含灰含云泥岩
	25~50	10~25	50~75	含云灰(质)泥岩
	10~25	25~50	50~75	含灰云(质)泥岩

　　备注:i. 三种成分相等时,可定名为泥云灰岩或泥灰云岩。

　　　　ii. 如第三种成分为陆源粉砂、石膏(或硬石膏)、岩盐等,可参照表1.2.6命名。

　　对不同岩性段的碳酸盐岩,现场应根据碳酸盐含量分析成果,依照成分定名的原则,结合结构及含油气性定名,如灰褐色荧光细晶含云灰岩。

　　②结构组分分类见表1.2.7。

　　(4)成分及结构的命名均采用"三级命名原则"。

　　1)凡含量大于50%的,定岩石的基本名称,以"××岩"表示。

　　2)凡含量在50%~25%的,用它定岩石基本名称的主要形容词,以"××质"表示,写在基本名称之前。

　　3)凡含量25%~10%的,用它定岩石基本名称的次要形容词,以"含××(的)"表示,在最前面。

　　4)含量小于10%的,不参与定名,但加以描述;

表 1.2.7　碳酸盐岩结构组分分类

分类	灰泥含量/(%)	颗粒含量/(%)	颗粒				
			内碎屑	生物颗粒	鲕粒	球粒	藻粒
颗粒灰岩	<10	>90	内碎屑灰岩	生粒灰岩	鲕粒灰岩	球粒灰岩	藻粒灰岩
含灰泥颗粒灰岩	10～25	90～75	含灰泥内碎屑灰岩	含灰泥生粒灰岩	含灰泥鲕粒灰岩	含灰泥球粒灰岩	含灰泥藻粒灰岩
泥质颗粒灰岩	25～45	75～55	灰泥质内碎屑灰岩	灰泥质生粒灰岩	灰泥质鲕粒灰岩	为泥质球粒灰岩	灰泥质藻粒灰岩
灰泥～颗粒灰岩	50±5	50±5	灰泥～内碎屑灰岩	灰泥～生粒灰岩	灰泥～鲕粒灰岩	灰泥～球粒灰岩	灰泥～藻粒灰岩
颗粒质灰泥灰岩	55～75	45～25	内碎屑质灰泥灰岩	生粒质灰泥灰岩	鲕粒质灰泥灰岩	球粒质灰泥灰岩	藻粒质灰泥灰岩
含颗粒灰泥岩	75～90	25～10	含内碎屑灰泥灰岩	含生粒灰泥灰岩	含鲕粒灰泥灰岩	含球粒灰泥灰岩	含藻粒灰泥灰岩
灰泥灰岩	>90	<10	灰泥灰岩	灰泥灰岩	灰泥灰岩	灰泥灰岩	灰泥灰岩

备注:

i. 本表也适用于云岩,只将本表中的"灰岩"改为"云岩","灰泥"改为"云泥"即可。

ii. 本表中之"内碎屑"及晶粒灰岩(或云岩)尚可根据粒级细分(见"结构描述"),定名时就为粒级定名,如"砂屑灰岩""含灰泥粉屑云岩"及"中晶云质灰岩","泥晶含灰云岩"等。

iii. 结构组分相近(±5%)的混积岩,"～"之后组分必须≥50%。

5)岩石中各含量均小于50%的成分,则采用复名原则,即把50%～25%的成分联合起来定岩石的基本名称,如其中有含量相近的碎屑岩和碳酸盐岩两种成分,应优先考虑碳酸盐岩,如泥质云～灰岩;

6)为了简化命名和定名,在成分命名中,对常见矿物及岩石名称加以简化,统一规定如下:方解石简称"灰"、白云石简称"云"、泥质类简称"泥"、石膏、硬石膏简称"膏"、石灰岩简称"灰岩"、白云岩简称"云岩"。

(5)现场定名的方法。根据岩性的具体情况采取突出重点的"综合定名"法,即以成分为主,颜色为前冠,结合其中与洞缝和含油气有关的结构、构造、含有物等特征进行岩石综合定名。并注意把晶粒较粗的,孔洞相对较发育的,含油含气的结构、构造、含有物特征很突出的作为优先考虑,而其他特征仅作重点描述。

1)突出结构特征的命名:浅灰色生物碎屑灰岩、灰色鲕粒云岩、褐灰色粗晶含泥云岩、紫红色细晶含云灰岩。

2)突出构造特征的命中:灰白色纹层状含泥云岩、灰色角砾状灰岩、褐灰色迭层状含泥灰岩。

3)突出缝洞特征的命名;深灰色针孔状灰岩、灰色粒内孔含云灰岩。

4)突出含油气性特征命名:灰褐色含油云岩、浅褐色油斑含泥灰岩、浅褐灰色含气针孔云岩。

5)突出含有物特征的命名:灰白色硅质云岩、浅灰色含膏灰云岩、灰色泥质云灰岩。

各种术语要求确切统一,当无法确定其名称时,可对特征详细描述,不得生造名称,以免造成混乱。

2.现场岩性描述的内容和要求

(1)颜色:描述内容与碎屑岩相同。

(2)矿物成分。石灰岩由方解石($CaCO_3$)组成。白云岩由白云石[$MgCa(CO_3)_2$]组成,以百分比表示。现场根据碳酸盐含量分析数据及镜下观察鉴定结果,有薄片鉴定成果的则用鉴定资料。现场碳酸盐含量分析中,对于>10%的酸不溶物,应该确定其主要成分(如泥质、砂质、硅质、膏质等)。

1)现场简易鉴定方法。稀盐酸法(常用(5%~10%)HCl)。

纯石灰岩:遇足量稀盐酸起泡强烈,状似沸腾,能溅起小珠,并有嘶嘶声,全部溶解,残液洁净。

泥灰岩:遇稀盐酸后起泡少,反应速度很快减慢,反应残液浑浊,有泥质沉淀。

白云质灰岩:遇稀盐酸微弱起泡,并能持续一段时间。遇热盐酸起泡剧烈。

钙质白云岩:遇稀盐酸,片刻才微微起泡,遇热盐酸起泡剧烈。

白云岩:遇稀盐酸不起泡,遇热盐酸起泡剧烈。

白云化灰岩:加稀盐酸后起泡少,酸解后颗粒表面常因保留白云石晶体而显粗糙。

2)碳酸盐岩含量测定。

· 连接仪器系统,按仪器操作规程调零、校正:取 1 g 碳酸钙(分析纯)置于锥形斜坡上(绝不可有粉末落入盐酸槽内),注入 20%盐酸 5 mL 于圆形罐底部的凹槽内(绝不可把盐酸溅到样品中),按操作步骤进行仪器调零、校正,确认仪器满量程;

· 放入岩屑样品和盐酸:完成分析仪量程刻度后,清洗反应池,将要分析的碳酸盐岩岩样粉末 1 g 和注入 20%盐酸 5 mL,按操作步骤放入并密封;

· 启动分析仪进行碳酸盐岩含量测定:将岩样与盐酸进行反应,同时启动分析仪工作,进行碳酸盐岩含量分析测定,并驱动打印机同步打印分析数据图表;

· 碳酸盐岩含量分析测定完成后,清洗晾干反应池备用;

· 记录分析结果。

(3)结构。结构包括颗粒、泥、胶结物、晶粒及生物格架等五种结构。有薄片鉴定成果的则用薄片资料描述。

1)颗粒。碳酸盐岩中的颗粒,相当于屑岩中的砂粒,常见的颗粒类型有内碎屑、鲕粒、生物颗粒、球粒、藻粒等。

· 内碎屑:描述形态,内部主要成分及结构、圆度、分选、保存程度、包裹物、分布情况等,对岩芯中的竹叶状砾屑,还应描述排列情况(水平或倾斜)及大小(以长×宽表示);

· 鲕粒:描述其形态和结构特征,鲕径(最大、最小及一般)、鲕核成分、圆度、分选、保存程度、包裹物、分布情况等,对具内孔的鲕粒应加以描述;

· 生物颗粒:简称"生粒",描述其生物种类、大小(按形态分别表示其长度或体积)、保存程度、包裹物、排列分布情况等;

· 球粒:颜色、主要成分、粒度、磨圆度、分选、保存程度、包裹物、分布情况等;

· 藻粒:颜色、粒度(最大、最小及一般)、圆度、分选、保存程度、包裹物、分布情况等,对具同心层的藻粒(藻类结核)还应描述外部形态及层间结构和成分;

- 变形颗粒:形态(如扁豆状、拖拉状、蝌蚪状、锁链状等)及其在原始颗粒所占的比例;
- 残余颗粒:指白云化后具有残余结构的灰岩颗粒,一般视白云化程度而定。当白云化程度为中~强时,白云石占50%~75%,原有颗粒尚可鉴定,则称残余颗粒。描述时,原有结构前加"残余"二字,如"残余砂屑""残余鲕粒"等,并说明白云石结构形态;当白云化弱~中等,白云石少于50%,原始颗粒结构变化不大时,按原生结构定;当白云化极强,白云石含量大于75%时,原始结构只留下痕迹或近于绝迹,则按白云石晶粒大小定结构,后两种情况应在描述时说明。

2)泥又叫"基质""灰泥""泥屑""泥晶"(泥晶原名叫微晶)"隐晶",与泥质岩中的黏土泥相当。对泥的描述主要为含量及分布均匀程度。

3)胶结物。胶结物主要是指充填于颗粒之间的结晶方解石或其他矿物,与碎屑岩中的胶结物相似。胶结物一般不作定名成分,仅加以描述,其内容包括成分、胶结、透明度、胶结形态(如栉壳状或镶嵌晶粒状等),如具粒间孔隙,则应详加描述。

4)晶粒。晶粒是结晶碳酸盐岩的主要结构。描述内容为粒度、分选、透明度、形状特征(自形晶、半自形晶、它形晶),晶体相对大小(如较粗、大、小)、特征(一般晶体周围之斑晶),大晶体中包含小晶体的包含晶、包裹体及成岩后生作用等。对于晶间孔隙或晶内孔,描述时应予以重视。碳酸盐岩颗粒、晶粒的粒级划分见表1.2.8。

表 1.2.8　碳酸盐岩颗粒、晶粒的粒级划分

粒度/mm	碎屑岩中的碎屑	碳酸盐岩中的颗粒		碳酸盐岩中的晶粒	
>1.00	砾(石)	砾屑		砾晶	
1.00~0.50	砂	砂屑	粗砂屑	砂晶	粗晶
0.50~0.25	中砂		中砂岩		中晶
0.25~0.10	细砂		细砂岩		细晶
0.10~0.01	粉砂	粉屑		粉晶	
<0.01	泥(黏土)	泥屑		泥晶	

注:部分文献将碳酸盐晶粒粒度0.01~0.001 mm定为泥晶,晶粒粒度<0.001 mm定为隐晶。

5)生物格架。描述内容包括生物类属(一般到类)、大小、形态、分布情况、岩石化学成分、孔隙类型等。

(4)化石:描述内容与碎屑岩相同。

(5)含有物。含有物包括陆源碎屑矿物、黄铁矿、沥青质、膏质、泥质、硅质(燧石结核及团块)等的分布情况,有条件时,含量用百分比表示。

(6)物理性质。物理性质一般描述岩石的成岩性(好或差)、软硬程度、韧性及脆性、断口形状等。断口形状除参照泥质岩类外,碳酸盐岩还有以下断口:粉晶结构的岩石一般具瓷状断口,砂屑鲕粒结构的岩石多具砂状断口,风化壳附近富含白垩土的灰岩可见土状断口。

(7)构造。除描述与碎屑岩所共有的层理、层面特征、结核等常见构造外,还应着重描述碳酸盐岩所特有的构造。

1)叠层石构造:描述亮、暗层的主要成分,藻类组分含量,形态(如层状、柱状)及纹层的韵律变化等。

2)叠锥构造:描述锥的高度、角度、形态(单锥或复锥)、内部结构及条纹的清晰程度。

3)鸟眼构造:描述大小、形状(扁平状、窗格状等)、排列方式、充填程度及充填物、发育程度(成群或单个出现)及周围基质成分等。

4)示底构造:描述洞穴上部及下部充填物主要成分、颜色、结构、界面特征及清晰程度、洞穴发育程度及周围基质成分等。

5)虫孔构造:描述大小、类型(穿孔、虫穴等)与层面的关系(垂直状、倾斜状、弯曲状、水平状等)、发育程度及周围基质成分等。

6)缝合线构造:描述形态(锯齿状、波状、网状、棱角状等)、产状(与层面呈平行、斜交或垂直排布)、凸凹起伏的幅度、延伸长度、宽度、充填情况、充填物及颗粒或胶结物的接触形式(绕过或切穿)等。

其他还有盐类假晶,斑块构造以及反映岩石基本面貌的竹叶状、豹皮状、花斑状、纹层状、疙瘩状、蜂窝状等构造等,对其成分、形态、大小(厚度)等,均应详细描述之。

(8)成岩后生作用:

1)交代作用:由交代作用产生的后生变化有云化、云去化或方解石化、膏化、云膏化、硅化等,其程度分为三级。

强:次生成分含量大于75%。

中:次生成分为50%～75%。

弱:次生成分小于50%。

在岩石定名时,这种交代作用形成的放物用加注的方法表示,如云质(化)灰岩,表示该岩石中的白云石是由于云化作用形成。

2)重结晶作用。应着重描述重结晶作用引起的岩石内部结构(包括孔隙)变化及分布的均匀程度。

3)压溶作用:压溶作用的结果造成缝合线发育,见缝合线描述内容。

(9)孔隙、缝洞。

1)分类标准。

① 按层面与裂缝之间的关系分:

垂直裂缝:裂缝面与层面交角大于70°(含70°);

斜裂缝:裂缝面与层面交角20°～70°(含20°);

水平裂缝:裂缝面与层面交角小于20o。

② 根据裂缝面之间的关系分:

平行裂缝:裂面间夹角小10°;

斜交裂缝:裂缝面间夹角10°～80°;

正交裂缝:裂缝面间夹角近乎90°。

③ 按成因分为两种:

构造缝:因构造运动而形成的,属次生缝。

成岩缝:因成岩作用而形成的,属原生缝。

④ 根据缝宽与洞径大小区分见表1.2.9。

⑤ 缝洞按开启程度及充填情况划分。

裂缝按开启程度划分为三种类型:

张开缝:为空裂缝,缝内无充填物;

半张开缝:缝为半充填的;

闭合、充填缝:缝间全部充填闭合、无空隙。

表 1.2.9　根据缝宽与洞径大小区分

缝宽/mm	定名	洞径/mm	定名
>10	巨缝	>100	巨洞
10~5	大缝	100~10	大洞
5~1	中缝	10~5	中洞
1~0.1	小缝	5~1	小洞
<0.1	微缝	<1	针孔

缝洞按充填情况细分为:

未充填缝洞:缝洞无任何充填物;

少部分充填缝洞:缝洞有少许充填物,壁上可见少许自形晶次生矿物或其他充填物;

半充填缝洞:缝洞有 50％被充填,壁不可见自形晶次生矿物或其他充填物;

大部分充填缝洞:缝洞大部分被充填,见较多自形晶或它形晶次生矿物或其他充填物;

全充填缝洞:缝洞全部被充填死,一般脉状矿物或其他充填物。

⑥ 裂缝及孔洞分类。

岩石中缝与洞的分布常有一定关系,常见的有以下几种:

缝连洞:孔洞为张开缝所串通。

缝中缝:是指裂隙有两次充填者。

缝中洞:被充填完裂缝中的晶洞等。

切割缝:不同时期的裂缝相互穿插。

2)统计方法。

缝密度:岩芯柱面上的缝总数与岩芯长度的比值,单位:裂缝条数/m。

洞密度:岩芯柱面上的洞总数与岩芯长度的比值,单位:孔洞个数/m。

面洞率:根据目测图版(见图 1.2.12),目测百分含量,单位:％。

缝洞开启程度:张开~半张开缝(洞)数与总缝(洞)数之比,单位:％。

连通情况:未充填~半充填缝洞数与其总数之比,单位:％。

缝洞统计规定:

一条缝连续穿过几块岩芯或切穿岩芯柱面者,只作一条统计;

长度小于 2 cm 的分枝缝和裂缝、针孔以及长度小于 5 cm 的充填缝不参与统计,必须描述;

裂缝数量以分段岩芯柱面所见条数为准,劈开面、断面、破碎面所见裂缝不统计。

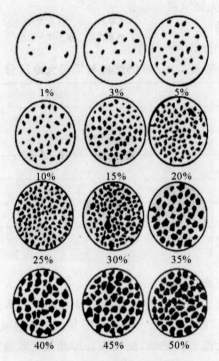

图 1.2.12 面洞率目测图版

任务五 岩芯录井草图绘制

一、岩芯录井草图绘制要求

1. 岩芯录井图格式及绘图内容

(1)岩芯录井图格式如图 1.2.13 所示。

绘图单位：　　　　　　　　　　　1∶100　　　　　　　　　　绘图日期：

层位	井深/m	取芯筒次 芯长/m 进尺/m 收获率/(%)	岩样芯位置	颜色	岩性剖面	层理构造及含有物	油气水统计					自然电位自然伽马	电阻率	颜色	校正剖面	岩性、油气水及缝洞综述
							饱含油	富含油	油浸	油斑	油迹	荧光					
5	10	10	15	10	30	20	30						30	30	10	30	25

备注：单位:mm

图 1.2.13 岩芯录井图格式

（2）幅面边宽1 cm,图头占据一页A4纸,根据实际情况可自行调整和加载内容,并能使图幅内容清楚。

（3）绘制内容说明。

图头名称:××井随钻岩芯录井图。

层位:用汉字填写钻井取芯段所对应的地层（组、段）名称,跨层位的地层名称中间用"～"连接。

井深:每10 m用阿拉伯数字标注一个深度,位数要写全,还应标注全井第一次取芯顶界和最后一次取芯底界的整米深度。芯长、进尺:按筒填写取芯进尺、岩芯长度,单位:m,保留2位小数。

收获率:按筒填写取芯收获率,用百分数表示,保留1位小数。

岩样位置、岩芯位置:用侧倒的梯形符号表示岩芯位置,符号宽3 mm;以黑框及白框表示不同次取芯,白框表示奇数筒,黑框表示偶数筒,收获率为零的筒次,则用间距1 mm的双直线段（空心）表示。框外标记样品位置,样品编号可逢5、逢10编号,根据样品顶界距本筒顶界的距离来标定样品位置。

（4）绘制内容说明。为简化描述内容和绘制岩芯柱状图方便,在描述记录中,习惯用符号代替。

破碎情况:对应岩芯位置,用"△"表示轻微破碎、"△△"表示中等破碎、"△△△"表示严重破碎。

磨光面位置:对应岩芯位置,用"～～～～"波折线表示。

冲刷面用"—V—"表示。

用统一图例绘在相应深度。化石和含有物的多少用1,2,3个符号绘制相应图例右边,表示少量、较多、富集三种程度。

油气水统计:按筒次分别填写含油级别为饱含油、富含油、油浸、油斑、油迹、荧光的岩芯的累计长度,单位:m,保留2位小数。

校正剖面:绘制校正后的岩芯剖面。以粒度剖面格式绘制。绘制时用筒界校正深度作控制。岩芯收获率低于100%时,按归位井深绘制,无岩芯处画"×"。

破碎、磨光面位置:根据岩芯描述在相应深度用图绘制破碎、磨光面。

岩性、油气水及缝洞综述:分岩性段综述岩性、油气水特征及缝洞发育情况。

电测曲线:绘制经过校深的自然伽马、自然电位、深侧向曲线,曲线摆放合理,比例变换标识清楚。

校正剖面:按归位方法用粒度剖面绘制校正剖面。

岩性、油气水及缝洞综述:对岩性、油气水及缝洞用文字简要综述。

2.归位原则

装图前,应系统地复核岩芯录井草图,并与电测图对比,如有岩性定名不符或岩芯倒乱时,需翻看岩芯落实。

岩芯归位应以筒为基础,以标志层控制,破碎岩芯拉、压要合理,磨光面可以拉开解释,做到岩性和电性吻合,恢复油层和地层剖面。

3.归位方法

校正井深:找出钻具井深和电测井深之间的深度差值,并在归位时加以校正。一般将正式电测图和岩芯草图比较,选用数筒连根割芯、收获率高的筒次中的标志层深度(由电测图上量出)和用岩芯描述记录计算出的相应的标志层深度的差值。根据其规律性,选其适当数值作为钻具深度和电测深度的差值。以电测深度为准,确定剖面的上提数值或剖面的下放数值。如果岩芯收获率低,还需要参考钻时曲线变化找出深度差值(见图1.2.14)。间隔分段取芯时,允许各段有各段的上提下放值,其数值一般常随深度而增加,一般取芯钻具井深与电测井深误差:井深1 200 m以内不超过±0.4 m,

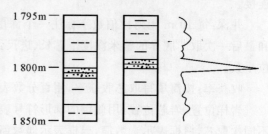

图1.2.14　岩芯深度校正图

1 500 m以内不超过±0.5 m,2 000 m以内不超过±0.8 m,2 500 m以内不超过±1.2 m,3 000 m以内不超过±1.5 m。如超出上述范围要查明原因,核对钻具和测井深度。不同次的测井有不同的系统误差。

(2)以筒为基础:以每筒岩芯作为归位的一个单元,余芯留空位置,套芯推至上筒,连根割芯不得超越本筒下界(校正后的筒界)。

(3)标志层控制:先找出取芯井段内最上一个标志层归位画起,依次向上推画至取芯井段顶部,再依次向下画,达到岩性与电性吻合。如缺少标志层,则在取芯井段上、中、下各部位,选择几段连续收获率高的岩芯,结合其中特殊岩性落实在电测图上归位卡死,以岩芯描述的累计长度逐筒逐段装置剖面,达到岩性与电性吻合(加岩电特征)。

(4)其他情况下的归位。对于分层厚度(实取岩芯长度)大于解释厚度(即该层电测曲线显示的厚度)的泥质岩类,可视为由于岩芯取至地面,改变了在井下的原始状态发生应力释放或塑性膨胀,可按比例压缩归位(泥质岩每100 m压缩不能超过1.5 m,完整无破碎、无磨损的岩芯一律不得压缩或拉长),以恢复其真实长度(即电测曲线所显示的长度)。

对破碎岩芯的厚度丈量误差,可分析破碎程度及破碎状况,按电测解释厚度消除误差归位,若某层实取岩芯长度小于解释厚度,而且岩芯存在磨损面,可视为取芯钻进中岩芯磨损的后果,在描述中找到磨损位置,根据本井的岩性和电性关系综合分析,或根据岩屑,将磨损光面处拉开解释。解释厚度应为电测曲线上所示厚度和实取岩芯长度的差值,颜色一栏则不填注,留为空白。

4.绘图要求

(1)连续取芯10 m以上(含10 m),编制岩芯录井图;见油气显示,取芯进尺不足10 m也要编制岩芯录井图。

(2)累计取芯超过20 m,编制岩芯录井图。

(3)同一井中碎屑岩、碳酸盐岩均取芯的,分别编制岩芯录井图。

5. 注意事项

绘制岩芯录井草图时,应注意以下事项:

(1)图中用的岩芯数据(如岩芯收获率、编号、分段长度等)必须与原始记录完全一致。深度比例尺同电测放大曲线比例尺一致(一般为 1∶50 或 1∶100)。

(2)不同颜色同一岩性,在岩性剖面栏内不画岩性分界线;同一颜色不同岩性,在颜色栏中不画颜色分界线。

(3)根据样品顶界距本筒顶界的距离标定样品位置时,其距离不要包括磨光面拉开的长度,但要包括泥岩压缩的长度。

(4)若某一层电性与岩性经落实后仍不吻合,则按现场地质人员所描述的岩性绘图。但需在描述本上注明:岩性属实,电性不符。

二、岩芯录井综合图

(1)岩芯录井综合图格式如图 1.2.15 所示。

＿＿＿井岩芯录井综合图格式				
绘图人		1∶100　绘图日期:　　年　月　日		40
盆地名称:		构造名称:　　井别:		30
构造位置:		地理位置:		
钻探目的:				
坐标 X=　m Y=　m	经度: 纬度:	地面海拔:　m 补芯海拔:　m	设计井深:　m　开钻日期: 完钻井深:　m　完钻日期: 完钻层位:　　完井日期:	20
业主单位: 录井单位: 仪器型号: 录井地质题: 录井工程师:		芯层位: 取芯井段:　m 取芯进尺:　m 岩芯长度:　m 取芯收获率:　%	含油岩芯长:m　取芯应说 含气岩芯长:m　明的问题 荧光岩芯长:m	30
图例				20

孔隙度	渗透率	自然电位 自然伽马	层位	井深 /m	取芯筒次 芯长 m 进尺 m 收获率 (%)	岩样位置	岩芯位置	颜色	岩性剖面	破碎、磨光面位置	电阻率双侧向	岩性油气水及缝洞综述	20
30	30	30	5	10	10	10	10	30		10	65	25	

图 1.2.15　岩芯录井综合图格式

（2）绘图说明。

取芯层位：指岩芯综合图中取芯层位，用代码表示。

取芯井段：第一筒芯的顶界深度至最后一筒芯的底界深度。

取芯进尺：全井取芯总进尺。

取芯长度：全井取芯总长度。

取芯收获率：全井取芯平均收获率。

含油岩芯长：全井所取岩芯中含油级别为油迹以上（包含油迹）岩芯总长。

含气岩芯长：全井所取岩芯中含气岩芯总长。

荧光岩芯长：全井所取岩芯中含油级别为荧光的岩芯总长。

取芯应说明的问题：填写取芯方式，如"密闭取芯"。

孔隙度、渗透率：用棒值图绘制岩芯分析的孔隙度、渗透率值。孔隙度单位：百分数；渗透率单位：$1 \times 10^{-3} \mu m^2$。

层位、井深、取芯筒次、芯长、进尺、收获率、岩样位置、岩芯位置、颜色、岩性剖面（校正剖面）：与随钻岩芯录井图填写方法相同。

任务六　岩芯资料应用

岩芯资料应用见表 1.2.10。

表 1.2.10　岩芯资料应用

应用方向、目标	岩芯描述相关内容及有关岩芯分析资料	备　注
判断地层时代，接触关系，进行地层对比	依据岩芯描述所见的中～大古生物及有关特征；地层渐变接触（整合）、地层冲刷面的存在及突变接触（平行不整合或角度不整合）；地质标准层划标志层取芯的岩性及其特征分析	依据岩芯描述所见的中～大古生物及有关特征；地层渐变接触（整合）、地层冲刷面的存在及突变接触（平行不整合或角度不整合）；地质标准层划标志层取芯的岩性及其特征分析
判断地层产状变化特征和构造特征及断层的存在	利用构造取芯及岩芯视倾角资料，结合井斜测井等资料计算地层真倾角及产状特征，利用断层带取芯，根据断面擦痕及特殊断层泥的存在确定断裂带及断点深度范围和断层倾角	结合井斜及地层倾角测井等资料综合分析
判断生油岩的存在，辨别生油岩的好坏，推断勘探前景	利用生油岩取芯及一般取芯所得的泥岩和其他类型生油岩的深色程度及所含有机质情况（结合送样分析成果）区别生油岩的好坏，提供有关类型、丰度、成熟度资料；丰度高、类型好的成熟生油岩资源量多，勘探前景好	结合岩芯生油室内分析（有机质丰度、类型、热演化），结合剖面生油岩厚度和平面分布分析

续表

应用方向、目标	岩芯描述相关内容及有关岩芯分析资料	备 注
判断成岩相、沉积相及沉积环境	通过对火成岩、变质岩的成岩相和沉积岩的沉积相等"岩相"分析,利用岩性、结构、构造资料,进行单井微相划分,利用特殊矿物(如赤铁矿、黄铁矿、锰、铝、磷矿及海绿石……)进行"矿相"分析;利用沉积岩的颜色(红、棕、褐、灰、黑等)进行"色相"分析;判断成岩环境、沉积环境,推断古地理、古气候环境	结合化验室岩石成分、粒度、重矿物及测井自然电位、电阻等分析和岩芯水化学特征及黏土矿物等综合分析
判断储集类型,进行储层分级评价、标定测井资料	根据储层"岩石特征"(砂岩成分、粒度、分选、圆度、胶结物及胶结类型、结构疏松程度;碳酸盐岩类型、含有物、结构致密程度等)及"物性特征"孔、洞、缝发育情况及特性好坏;结合测井及其他录井资料,进行孔隙性储层及缝洞性储层分级评价;通过岩芯孔、渗、饱测定标定测井资料	结合室内孔隙度、渗透率分析,薄片鉴定,利用测井及其他录井资料综合评价分出"好、中、差"三类储层;并了解物性与储层埋深的关系
判断油、气、水层,区别油质好坏,推断油、气、水界面	利用含油、气、水观察、试验资料和孔隙性、缝洞性岩芯含油级别划分资料等综合分析判断。并能通过油基泥浆取芯、密闭取芯分析、描述成果,结合室内分析资料,判断油层的含油饱和度;通过现场直观分析和砂岩热解分析尽快判断油质好坏	结合荧光薄片、含油饱和度分析及组合测井资料,综合判断;结合物性分析资料还可推测产能
提供油气储量计算有关参数及检查开发效果有关资料、数据	利用储层"岩性"、"物性"(孔隙度、渗透率、碳酸盐含量等)和"含油性"(原始及残余含油饱和度)及压汞、毛管压力资料和开发检查井取芯资料、计算储量、查明油层水淹情况及残余油产状特征,为二次、三次采油分析创造条件	结合岩芯取样室内化验分析成果
其他方面应用(如油层污染试验、油层保护;油层改造及效果分析;重力及地震勘探密度界面、层速度基础研究)	依据油层污染程度分析(含油径向变化特征、岩芯外环泥浆污染带),结合室内防污染试验提出钻井液、完井液保护油层要求;提供砂岩储层胶结物及黏土矿物含量及类别、"三敏分析"等,以利酸化、压裂方案优选;通过岩芯试验分析,提供压裂工程力学参数,杨氏模量、泊松比、抗张强度、破裂压力、闭合压力、破裂压力延伸系数、硬度等,制订提高压裂效果措施。通过岩芯密度测定,提供重力勘探物性参数基础资料,进行剖面密度界面分析和地震勘探综合速度和层速度分析参考应用	结合室内油层污染试验,岩石工程力学参数试验,配合岩芯描述及化验分析成果

习题与思考题

1. 取芯目的和原则有哪些?

2. 取芯前的准备工作有哪些?

3. 取芯要求是什么?

4. 说明卡层取芯方法。

5. 如何对岩芯样品进行采集？

6. 岩芯描述原则有哪些？

7. 岩芯描述内容有哪些？如何描述？

8. 孔隙性岩芯含油级别如何划分？

9. 岩芯含水情况如何确定？

10. 如何编制随钻岩芯录井图？

11. 如何编制岩芯录井综合图？

12. 岩芯资料有哪些应用？

项目三　岩屑录井

　　岩屑录井在石油勘探过程中具有相当重要的地位。它具有成本低、速度快、了解地下情况及时、资料系统性强等优点。它可以获得大量的地层、构造、生储盖组合关系、储油物性、含油气情况等信息，是我国目前广泛采用的一种录井方法。

　　岩屑是地下岩石被钻头破碎后形成的"钻屑"，习惯上把随钻井液上返至地面的钻屑称为岩屑，而将按迟到时间采集的有井深意义的岩屑称为砂样。在钻进过程中，录井人员按地质设计要求的间距和相应的返出时间，系统采集岩屑，进行观察、描述，绘制成岩屑录井草图。再运用各项资料进行综合解释，恢复地下地层剖面的全过程就叫岩屑录井。

　　岩屑录井流程如图 1.3.1 所示。

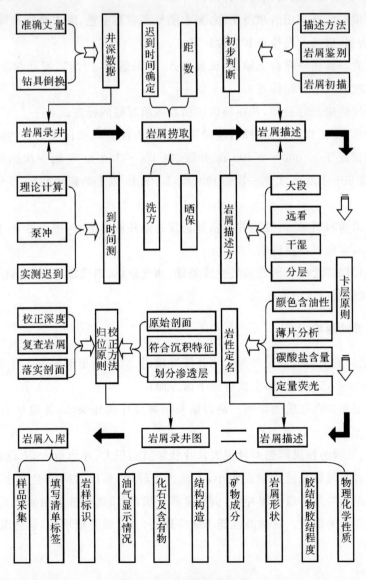

图 1.3.1　岩屑录井流程

任务一　岩屑录井基本知识

一、岩屑录井要求

(1)按地质设计书要求,一般情况下,岩屑录井间距同钻时录井应保持一致,特殊情况下需改变时,经请示汇报,批准后执行。无挑样任务时,每个间距捞1包,有挑样任务时,每个间距捞2包,每包岩屑质量不少于500 g。

(2)捞砂应在架空槽挡板前或振动筛下的固定位置采用垂直捞法捞取岩屑,捞完1包后应立即清除剩余岩屑。

(3)正常情况下,起钻前须循环钻井液一周,捞出井底岩屑。因工程原因不能循环时,未捞取的岩屑应在下次下钻到底后循环钻井液时补捞。

(4)岩屑捞取后应立即用清水洗干净,要求能见到岩石本色,除去杂物和掉块,查找含油岩屑和其他矿物岩屑,进行荧光检查和岩性定名。

(5)岩屑应立即放在砂样台上晾晒,放置整齐,间距适当,严禁岩屑互相混杂,要标识岩屑深度(要求5包放置一个井深标签)。

(6)岩屑干燥后应及时装袋,并在袋内正面放入填写好的标签。

(7)及时测算、校正岩屑迟到时间,准时取样。努力使岩屑所代表的岩性同钻时反映的岩屑相吻合,一般情况下,1 000~2 500 m井段,每100~150 m实测一次迟到时间;2 500~3 500 m井段,每50~100 m实测一次迟到时间,3 500 m以上的超深井每25~50 m实测一次迟到时间。

(8)因井漏未捞岩屑时,待处理井漏恢复正常后钻井液返出时,按原迟到时间捞取岩屑,这种岩屑代表性差,应加以备注说明。

(9)罐装气可以广泛用于研究油气生成条件、油气分析、油气源等,但罐装气分析结果不能用于碳酸盐岩储集层的渗透率研究。

二、岩屑录井的影响因素

影响岩屑录井的主要因素是井深。当井深准确时,岩屑返出时间又是主要因素。影响岩屑代表性的因素众多,归结起来,主要有以下诸方面:

(1)钻头类型和岩石性质的影响。刮刀钻头钻屑呈片状和块状,牙轮钻头钻屑较细,呈粒状,PDC钻头钻屑呈粉末状。

砂岩、泥岩、页岩的钻屑形态差异很大。片状岩屑面积大,浮力也大,上返速度也快。

粒状、块状岩屑与钻井液接触面积小,上返速度较慢,返出时间就会发生变化,一般情况下,成岩性好的泥质岩多呈扁平碎片状,页岩呈薄片状,而极疏松砂岩的岩屑呈散砂状。

(2)钻井液性能的影响。钻井液性能不适应地层,会造成井壁坍塌,岩屑混杂,使岩屑代表性变差。

（3）钻井参数和井眼的影响。钻井参数主要指排量的变化。排量频繁变化直接影响返出时间,造成岩屑代表性不强甚至失真。井眼不规则也影响钻井液的上返速度,在大井眼处上返慢,携带岩屑能力差,造成岩屑混杂;在小井眼处,有时钻井液流速快,上返也快。因此井眼不规则,造成岩屑上返时快时慢,直接影响返出时间的准确性,使岩屑代表性变差。

（4）下钻或划眼的影响。上部地层的岩屑与新岩屑混杂返出,易造成岩屑失真。

（5）对岩屑录井影响最大的是迟到时间的准确性。在井深和钻时准确无误的情况下,当岩屑和钻时的符合程度低时,应及时校正迟到时间,以提高岩屑录井的准确性。

（6）井深的影响。一般情况下,井深越深,迟到时间越长,造成岩屑混杂的机会就越多。

三、岩屑录井的作用

（1）通过岩屑的观察研究,及时确定井下正钻层位及其岩性。掌握钻头所在地层,修正地质预告,加强故障提示,确保安全钻进。

（2）了解井下油气水情况,及时发现和保护油气层,卡准取芯层位。

（3）了解储集层物性和层位,为勘探开发油气层提供依据。

（4）了解生储盖组合关系,确定分层厚度界线、油气水层位置及其显示程度,为钻探前景评价提供依据。

（5）通过岩屑描述,摸清各井段地层的基本特征,为建立可靠的单井岩相剖面、油气地质剖面打下基础。

四、岩屑录井质量

（1）每包岩屑取样的数量晾干后不得少于 500 g。要求系统挑样的井段必须取双样,500 g 用于现场描述挑样用,另 500 g 装袋入箱保存。

（2）岩屑样品的深度与钻时深度误差,目的层应小于 2 个录井间距,非目的层应小于 3 个录井间距。

（3）岩屑含油显示发现率应大于 90%。其计算式为

$$油气发现率 = \frac{手剖面油气显示发现层次}{综合图落实的油气显示层数} \times 100\%$$

（4）厚度大于 3 m 的储集层符合率必须大于 85%。其计算式为

$$储集层符合率 = \frac{综合图储集层层数}{电测图储集层层数} \times 100\%$$

（5）剖面符合率,3 500 m 以内的中深井要达到 80% 以上,大于 3 500 m 的超深井要达到 75%。其计算式为

$$剖面符合率 = \frac{手剖面符合解释剖面的层数}{综合解释剖面的总层数} \times 100\%$$

（6）按要求粘贴岩性实物剖面或建立岩样汇集。

（7）做生油条件分析的泥岩严禁烘烤。

任务二 岩屑采集与处理

一、捞取岩屑

1.迟到时间的确定

岩屑返出时间(岩屑迟到时间)是指岩屑从井底随钻井液上返到地面所需的时间,单位是min。岩屑迟到时间的精度是 0.5 min。返出时间不准,即使井深准确,捞取的岩屑也失去了代表性和真实性。因此返出时间准确也是岩屑录井工作的关键。常用的返出时间测定方法有理论计算法、实测法和特殊岩性法。

(1)理论计算法。

计算公式为

$$T = (V/Q) = \pi (D - d)/4Q)H$$

式中　T —— 岩屑迟到时间,min;

　　　Q —— 泥浆泵排量,m^3/min;

　　　D —— 井眼直径,m;

　　　d —— 钻杆外径,m;

　　　H —— 井深,m;

　　　V —— 井筒环形容积,m^3。

这种计算方法是把井眼当成一个以钻头为直径的圆筒,而实际井径一般都大于钻头直径(只有易缩径井段略小于钻头直径),而且极不规则,加之计算时未考虑岩屑在钻井液上返过程中的下沉,因此,理论计算的迟到时间均小于实测迟到时间。因此,在实际工作中,用理论法计算的迟到时间一般只在 1 000 m 之内的浅井中使用。深井阶段只用于辅佐实测迟到时间,若实测值小于理论值,必须重测。

(2)实测法。实测法是现场常用的方法,也是较为准确的方法。

在现场录井工作中,为保证岩屑录井质量,规定每钻进一定录井井段,必须成功实测一次返出时间,以提高岩屑录取的准确性。

1)实测岩屑迟到时间步骤。

① 接单根时把指示物投入钻杆内。选用与岩屑大小、密度相近的物体做指示物(如红砖块、瓷块等)。投指示物时,如果钻杆内钻井液很满,应将水眼中的钻井液掏空再投入指示物;若钻杆中钻井液一直往外喷,应将指示物用软泥包好成团,再投入钻杆水眼中,以防指示物返出钻杆。

② 接好方钻杆后记录开泵时间。

③ 在振动筛前观察、记录指示物返出时间。

④ 计算钻井液循环周时间 T 循环。指示物返出时间与开泵时间之差即为循环周时间 T 循环。

⑤ 计算下行时间 T_0。指示物从井口随钻井液到达井底的时间叫下行时间。

$$T_0 = (V_1 + V_2)/Q$$

式中　T_0 —— 岩屑下行时间,min;

V_1 —— 钻杆内容积,m³;

V_2 —— 钻铤内容积,m³;

Q —— 泵排量,m³/min。

⑥ 计算迟到时间 T。

2)实测岩屑迟到时间应注意事项。

① 指示物的选择一定要恰当,颜色要均一、醒目,大小、密度要与岩屑基本相同,不能大于钻头水眼直径。

② 时间精确到秒(s),容积精确至升(L),排量精确至升每秒(L/s)。

③ 测量间距应按要求进行。

④ 实测钻井液返出时间有困难时,可采用理论计算法,但要利用钻时和特殊岩屑进行校正。

(3)特殊岩性法。实际工作中还可利用特殊岩性来校正岩屑迟到时间。在大段泥岩中的砂岩、灰岩、白云岩夹层,因特殊岩性的特征明显,钻时差别大,可用来校正返出时间。先将钻时忽然变快或变慢的时间记下,加上相应的返出时间,提前到振动筛前观察,待特殊岩性出现时记录时间,两者的差值即为该井深的真实返出时间。用这个时间校正正在使用的返出时间,可保证取准岩屑资料。

利用特殊岩性测定迟到时间的计算公式为

$$\text{迟到时间} = \text{取样见到特殊岩性岩屑的时间} - \text{钻达特殊岩性的时间} - \text{中途停泵时间}$$

2.确定捞砂时间

(1)在未停泵、未变泵的情况下确定捞砂时间。

$$T_2 = T_3 + T_1$$

式中　　T_2 —— 捞岩屑时间,h:min;

T_3 —— 钻达时间,h:min;

T_1 —— 岩屑迟到时间,min。

(2)在变泵时间早于钻达时间的情况下确定捞砂时间

$$T_2 = T_3 + T_1(Q_1/Q_2)$$

式中　　Q_1 —— 变泵前的钻井液排量,m³/min;

Q_2 —— 变泵后的钻井液排量,m³/min。

(3)对变泵时间晚于钻达时间而又早于捞岩屑时间的情况下确定捞砂时间。

$$T_2 = T_4 + (T_5 - T_4)(Q_1/Q_2)$$

式中　　T_4 —— 变泵时间,h:min;

T_5 —— 变泵前捞岩屑的时间,h:min。

(4)如遇连续变泵,仍按上述公式确定捞岩屑时间。

3.捞取岩屑

为保证取样质量,可按设计要求的取样井深,提前50 m试取。

(1)确定捞砂位置。捞砂位置应在架空槽挡板前或振动筛下的固定位置。捞样盆放在振动筛前合适位置,确保岩屑连续、适量地落入盆内。每到取样时取走一个捞样盆后,立即将另一个捞样盆放在振动筛前,以保持岩屑的连续性。如果钻时较慢,取样间隔时间较长,中途应检查岩屑盆是否在振动筛前接取岩屑,避免因岩屑盆被钻井液冲走而漏取岩屑。若岩石疏松,岩屑呈粉末状,振动筛前没有岩屑可捞取,可按岩屑返出时间用铁铲在架空槽上取样(在槽中放一挡板,挡板不能过高,只要能挡住岩屑即可。捞取完后应将上包的余砂清除干净)。

(2)取样。按岩屑返出时间四分法取样。取样时间未到,但盆已满时,不能直接去掉上部的岩屑,应垂直切去盆内岩屑的 1/2,并将剩下的 1/2 搅匀、摊平,继续接样。若盆内岩屑再次装满,仍按此方法处理,以保证岩屑捞取的连续性。岩屑捞取的数量按现行规定,一般无挑样任务时,每包不少于 500 g,有挑样任务时,每包不少于 1 000 g。为了保证岩屑纯净,每捞一包岩屑后,应将振动筛和砂样盆处理干净,不要让旧岩屑残留在上面。

起钻前应循环钻井液,待最后一包岩屑捞出后方可起钻。起钻井深若不是整米数,井深尾数大于 0.2 m 时,应捞取岩屑并注明井深,待再次下钻与钻完整米时取岩屑合并成一包。

二、清洗、晾晒、收装岩屑

1.清洗岩屑

取样后用清水缓缓冲洗,取样盆盛满水后,应稍静置一会,缓缓将水倒掉,以免将悬浮的砂粒和密度较轻的岩屑(如炭质页岩、油页岩、沥青等)冲掉,同时要注意盆面油气显示。清洗岩屑直至露出岩石本色为止,但黏土岩中的软泥岩和极易泡散的砂岩例外。

2.晾晒岩屑

将清洗好的岩屑按井深顺序逐包倒在砂样台上摊开晒干,包与包之间要有空当隔开,避免混合。在晾晒时不要过度翻搅(特别是泥岩),以免使岩屑的颜色模糊。在晾晒油砂时应防止曝晒而引起油砂失真,把水分晒干即可。冬季或雨季无法晒岩屑,应用蒸汽烘箱烘干。用烤箱烘干时,温度应控制在 80 ℃ 以下。含油岩屑严禁烘烤。在晾晒时发现含油岩屑或特殊岩性,要挑出小包,注明井深,置于该包岩屑中。

3.收装岩屑

(1)去掉假岩屑及水泥碎块等。

(2)装袋、装盒。将晾干的岩屑随同标签装入袋内,标签应填有井号、井深、编号等内容,正面朝外放入袋侧(或在砂样上面标识井号、井深、编号等内容)。凡有挑样任务的井将所取岩屑分装两袋,一袋供挑样用,一袋用作描述及保存。然后将装好的岩屑按顺序自左至右,从上到下依次放入专用的岩屑盒内。挑样用的岩屑与保存用的岩屑分开装箱。

(3)岩屑装袋时,连同底部的细小砂粒一起装入袋内。

(4)岩屑盒喷字。岩屑装箱后,面对岩屑盒的一侧,放上字膜用漆喷上井号、盒号、井段、包数。

三、采集岩屑罐装样和岩屑挑样

1.采集岩屑罐装样

(1)用无烃清水把采集罐冲洗干净。

(2)确定采样井深及时间。罐装样品捞取时间的计算与岩屑录井相同。

(3)装样。用作含气分析和判别油、气、水层时,应将样品直接装罐,不能清洗。岩屑量占罐体积的 80%,加钻井液 10%,上部留 10% 的空间(1~2 cm 罐高)。

(4)封罐。将罐口边缘擦洗干净,套好橡皮垫圈,放正上盖,套上卡环,用手压紧、旋转一周,使卡口咬紧、罐口密封,盖子上小螺帽不得松动。将取样罐倒置保存。

(5)填写标签与样品清单。标签上的内容包括井号、序号、取样深度、层位、岩性、取样日期、取样人等。将样品标签贴于罐上。样品清单一式三份,一份留底,两份随样交化验单位。

2.岩屑挑样

(1)先把挑样用的岩屑过筛,除去掉块,倒在簸箕里,簸箕微斜。

(2)与描述时分层定名的岩样对比,用镊子在簸箕里挑样。

(3)将挑好的样品和填写好的标签(填写井号、岩样深度、岩性、挑样日期、挑样人等),按顺序装入挑样盒或小塑料袋内。

(4)在供挑样的那一袋岩屑中挑样,用作保存的另一袋岩屑不能用来挑样。

(5)按照分析项目对样品的要求,做到岩样纯净、量足。若是薄层挑不足时,挑净为止。

任务三 岩屑的描述

一、岩矿肉眼鉴定

1.常见造岩矿物的肉眼鉴定

矿物肉眼鉴定主要是根据其物理性质进行的,因此要逐一观察测试矿物标本的物理性质如颜色、条痕、形状、硬度、解理等,然后再对照各种矿物的特性进行鉴定。如果仍无法鉴定,可用化学试验确定。

2.岩浆岩、变质岩和沉积岩的主要区别

(1)观察岩石的出露形状和层理。岩石的成层性及层理构造为沉积岩的典型特征,脉体为岩浆岩的主要特征。

(2)观察岩石的结构。沉积碎屑岩是由颗粒和胶结物两部分组成的,颗粒有磨圆现象,胶结物多为泥质和粉砂,一般较疏松,碾碎后,胶结物和颗粒明显分离。而岩浆岩是高温岩浆冷凝而成的,其结构表现为颗粒自身及相互之间的关系,没有胶结物。岩石致密、坚硬,碾碎后表现为矿物自身的破碎。

(3)观察岩石是否含有化石。沉积岩含化石,岩浆岩不含化石。

(4)区分正、负变质岩。正变质岩具火成岩的特征,负变质岩具沉积岩的特征。

3.常见碎屑岩的鉴别

根据碎屑颗粒的颜色、粒度、胶结物的成分、颗粒的分选性、磨圆度、层理等情况进行鉴别。

4.常见黏土岩的鉴别

(1)黏土岩的结构。黏土岩主要为黏土、矿物及粉砂、鲕粒、生物碎屑等泥级微粒组成的岩石,矿物成分肉眼无法识别,现场鉴定时以结构为主,兼顾构造和颜色。

黏土结构:黏土含量＞95%,用牙咬或手捻,无砂感。用小刀切后,切面光滑,常为贝壳或鳞片状断口。

含砂质黏土结构(砂含量为10%～25%)及砂质黏土结构(砂含量为25%～50%):用牙咬或手捻,有明显的颗粒感。用小刀切后,切面粗糙。

鲕粒及豆状黏土结构:鲕粒及豆粒是由黏土物质组成的。鲕粒具有核心和同心层结构,而豆粒常无核心。

含生物黏土结构:生物碎屑含量在 10%～25% 之间。

斑状黏土结构:在细小的黏土基质中有较大的黏土矿物晶体。

(2)黏土岩的构造。如层理、层面特征、水底滑动构造、团块构造、搅混构造、揉皱构造等。

(3)黏土岩的颜色。成分单一的高岭土黏土岩、水云母黏土岩、蒙脱石黏土岩多为白色、浅灰或黄色;含海绿石、绿泥石成分的黏土岩呈现不同程度的绿色;含 Fe^{3+} 的氧化物和氢氧化物的黏土岩多呈红色、紫褐色;含 Fe^{2+} 的化合物的黏土岩多呈黑灰或灰绿色;含有机质的黏土岩多称黑色或深褐色,有机质含量越高,颜色越深。

(4)在黏土岩新鲜面上滴盐酸,鉴别是否含灰质;用火烧鉴别有机质含量情况。

(5)根据黏土岩的结构、构造及颜色情况进行定名。

5. 几种常见岩性的鉴别特征

(1)石灰岩。石灰岩成分为碳酸钙,滴稀盐酸起泡强烈,质纯者可全部溶解。性脆,中等硬度,断口平坦,表面清洁。

(2)白云岩。白云岩成分为碳酸镁,滴冷稀盐酸无反应或反应微弱,加热后起泡强烈,性脆,中等硬度,表面清洁。

(3)生物灰岩。生物灰岩成分为碳酸钙,滴稀盐酸起泡强烈。岩石表面可见到生物碎屑。

(4)铝土岩。铝土岩多为绿灰色、紫红色、灰色,具滑腻感,属铝土硅酸岩类。滴稀盐酸无反应,常见于石炭系底部,是进入奥陶纪的标志。

(5)玄武岩。玄武岩是一种基性火山喷发岩,常见黑绿色或灰黑色,成分以斜长石为主,致密坚硬,与盐酸不反应,岩屑多为粒状或块状。

(6)花岗。花岗岩是一种酸性深成侵入岩,性坚硬,主要成分为石英、长石及云母。多见粉红色间黑色、灰白色,与稀盐酸不反应。

(7)凝灰岩。凝灰岩是一种火山喷发岩,主要由火山喷发玻璃碎屑沉积而成。表面粗糙,由黑色及白色矿物组成,凝灰质结构,性坚硬,与稀盐酸不反应,断口为土状而粗糙。

(8)安山岩。安山岩属火山喷发岩,具气孔和杏仁状构造。成分以斜长石、角闪石为主,性坚硬。

二、古生物肉眼鉴定

1. 基本概念

古生物学是研究地质历史期间生物界及其演变规律的科学。古生物分为古动物和古植物两大类,研究对象是化石。

化石是保存于地层中的古生物遗体或遗迹。化石得以保存需要具备一定条件:①生物要有硬体;②遗体必须有迅速掩埋的条件;③要经历石化作用或炭化作用。

(1)标准化石。标准化石指在一个地层单位中特有的生物化石,这些化石具有存在时间短、演化快、数量丰富、保存条件较好等特点,可作为地层划分对比的依据。

(2)微古化石。微古化石指只能在显微镜下放大几十倍甚至几百倍才能观察到的个体微小的化石。其直径多为 0.01～0.10 mm。常见的微古化石有孔虫、介形虫、叶支介、牙形石、层孔虫、藻类等。

2. 岩矿、古生物的分析内容

(1)岩矿分析主要确定岩石的矿物组成,碎屑颗粒的太小、分选、磨圆情况,基质含量及成分,胶结类型、孔隙及裂缝发育情况等。

（2）古生物分析主要确定古生物的种类、种属、数量及生物生存环境等。

3.岩矿、古生物分析的作用

（1）岩矿分析。确定岩石类型、岩石形成的环境、岩石形成的物理化学条件,储集性能,进行地层对比等。

（2）古生物分析。确定地层时代,确定古地理环境和古气候特征,确定油气源岩的成熟度和转化率等。

三、岩屑描述要求

（1）在自然光下描述未过筛的岩屑干样。

（2）挑选新鲜真实岩样逐包定名,分段描述。

（3）岩性鉴定要注意干湿结合分辨颜色,对浅层松散岩屑要干描和砸碎描述结合,系统观察认准岩性,审视准确挑选岩样,反复比较分层定名,从上至下逐层描述。

（4）不能定论的岩屑要注明疑点和问题。

（5）岩屑失真段,主要内容描述后,要注明其失真程度及井段,进行原因分析,用井壁取芯资料及时校正和补充。

（6）岩性、颜色、含油气性等不同时,均要分段描述。

（7）厚度不到一个取样间距的标志层、标准层、油砂显示层,应按一个取样间距单独定名,分段描述。

（8）岩性、电性不符的井段,复查岩屑。

（9）结合班报表的油气观察记录,确定油气显示。

（10）用不饱和或欠饱和盐水钻井液钻进,未取到易溶盐岩岩屑的,描述可参照该段钻井液氯离子和电导率的变化,并结合钻井参数和岩屑数量变化情况以及测井曲线特征加以判定和描述。

（11）有薄片鉴定资料的,参考薄片资料。

（12）长井段取芯,且岩芯中单一岩性厚度较大者（>0.5 m）,岩屑描述时可参照岩芯岩性描述。

四、岩屑鉴别

1.岩屑的鉴别方法

（1）观察岩屑的色调和形状:色调新鲜,其形状往往多棱角或呈片状者通常是新钻开地层的岩屑（但应注意,由于岩性和胶结程度的差别,在形状上也会存在差异,如软泥岩常呈椭球状,泥质胶结的疏松砂岩呈豆状或散砂）;反之,在井内久经磨损成圆形、岩屑表面色调模糊或者岩块较大者,多为上部井段的滞后岩屑或掉块（见图1.3.2）。

（2）观察岩屑中新成分的出现:在连续捞取岩屑中,如果发现有新的成分出现,并逐渐增加,则标志着井下一个新层次的开始。即使开始出现的数量很少（特别是在井深的情况下,对于一些薄岩层,有时仅发现有数颗新成分的岩屑）,也代表进入了新的地层。

（3）从岩屑中各种岩屑百分比的变化来识别:对于由两种或两种以上岩性组成的地层,观察新成分的出现往往不易区分开来,因此必须从岩屑中某种岩性的岩屑百分比含量增减来判断是进入什么岩性的地层,从而确定其真伪。

(4)利用钻时、气测等资料验证:除综合使用上述几种判断方法之外,为了可靠起见,还须参考其他录井资料。例如参考钻时资料对于辨别砂、泥岩和灰质岩类就比较准确;油层在气测曲线上也常有显示。

2.岩性的特征观察

(1)观察岩石颜色。

(2)估测岩石的致密程度。沉积岩的致密程度较低,一般容易砸碎成颗粒状(除碳酸盐岩外);岩浆岩和变质岩致密程度较高,很难砸碎,碎后成块状。

(3)观察组成岩石的主要矿物、岩屑的名称。

(4)观察结构、构造特征。包括:①岩屑、矿物颗粒大小及圆度;②岩石表面构造特征及层理状况。

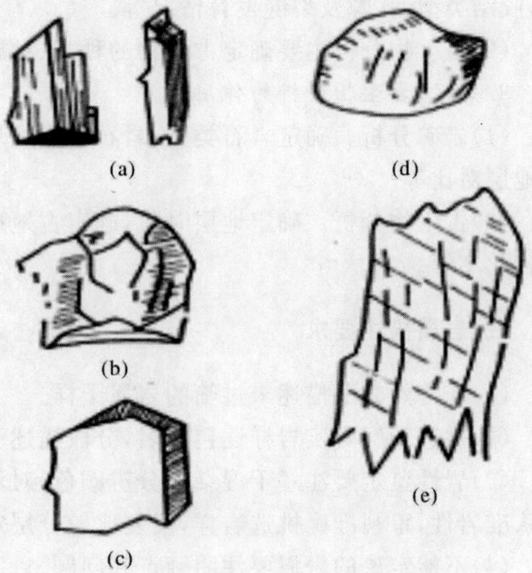

图 1.3.2 各类岩屑形状示意图
(a)新钻页岩; (b)新钻灰岩; (c)新钻泥岩;
(d)残留岩屑; (e)垮塌岩屑

(5)观察胶结物。沉积岩中常见的胶结物:

泥质:遇盐酸不起反应。被盐酸浸泡后岩屑表面见泥污,胶结疏松,用手可捻开。

钙质:遇盐酸反应强烈,一般胶结致密,较硬。

白云质:遇盐酸反应缓慢,加热后则反应强烈,胶结致密,较硬。

硅质:遇盐酸不反应,胶结致密,坚硬,用小刀刻不动,断面较光亮。

铁质:遇盐酸不反应,胶结致密,岩石多呈棕红色或暗紫红色。

凝灰质:遇盐酸不反应,胶结致密,表面较清洁,多呈灰、棕红、灰绿等颜色。

石膏质:遇盐酸不反应,致密,较硬,用小刀能刻动,多呈白色。

(6)观察燃烧情况。油页岩、油泥岩中含有沥青、硬石膏和煤等碎屑。用镊子将岩样放在酒精灯上烧片刻,然后移开观其形态,闻其气味,煤燃烧后成粉末状,沥青燃烧后成黑色块状或海绵状,气味很刺鼻,近似原油味。

(7)观察与冷盐酸反应情况。

(8)根据上述各方面的特征确定岩石名称。

3.识别真假岩屑

(1)真岩屑。真岩屑即具有井深意义的岩屑,地质上称为砂样。通常是指钻头刚刚从某一深度的岩层破碎下来的岩屑,也叫新岩屑。一般地讲,真岩屑具有以下特点:

1)色调比较新鲜。

2)个体较小,均匀一致。

3)碎块棱角较分明。

4)如果钻井液携带岩屑的性能特别好,迟到时间又短,岩屑能及时上返到地面的情况下,较大块的、带棱角的、色调新鲜的岩屑也是真岩屑。

5)高钻时、致密坚硬的岩类,其岩屑往往较小,棱角特别分明,多呈细小的碎片或碎块状。

6)成岩性好的泥质岩多呈扁平碎片状,页岩呈薄片状。疏松砂岩及成岩性差的泥质岩屑棱角不分明,多呈豆粒状。具造浆性的泥质岩多呈泥团状。

(2)假岩屑。假岩屑指真岩屑上返过程中混进去的掉块及不能按迟到时间及时返到地面而滞后的岩屑,也叫老岩屑。假岩屑一般有下列特点:

1)色调不新鲜,比较而言,显得模糊陈旧,表现出在井内停滞时间过长的特征。

2)碎块过大或过小,混杂不均匀,毫无钻头切削特征。

3)棱角不分明,有的呈浑圆状。

4)形成时间不长的掉块,往往棱角明显,块体较大。

5)岩性并非松软但破碎较细,毫无棱角,呈小米粒状岩屑,是在井内经过长时反复冲刷研磨成的老岩屑。

五、岩屑描述方法

1.岩屑描述方法

(1)大段摊开,宏观细找:在描述前,先将数包岩屑(如 10~15 包)大段摊开,稍离远些进行粗看,目的是大致找出颜色和岩性有无界线;然后再系统地逐包仔细观察岩屑的连续变化,找出新成分,目估百分比变化情况,避免孤立地看一包岩屑。

(2)远看颜色,近查岩性:因为岩屑中颜色混杂,远看视线开阔,易于区分颜色界线。用这种方法划分出来的层次,都是明显的或较厚的层。有些薄层或疏松层,岩屑数量极少,这就需要逐包地仔细查看,以发现那些不明显的新成分、细微的结构变化等。这样的细查工作常常是有目的地去进行的,如与邻井对比该段应出现油层或其他较为特殊的岩性,或因为出现某种异常变化(如钻时加快,钻进中的憋、跳钻,钻井液漏失现象和气测显示等),怀疑可能有某种特殊岩层或裂缝储层出现,就需要再仔细查找落实。

(3)干湿结合,挑分岩性:岩屑颜色的描述一律以晒干后的色调为准。但岩屑润湿时,颜色和一些微细的结构、层理等格外清晰而明显,易于区分。因此,常在岩屑未晒干之前就粗看一遍,记下某些岩性特征和层界,作为正式描样的参考。对一些岩屑百分比变化不明显、很难用目估法分辨的层次,则可在各包中取出同样多的岩屑,分别挑分出每包各种不同岩性的岩屑后,再进行比较,正确判断和除去掉块与假岩屑。

(4)分层定名,按层描述:通过上述方法所观察到的岩性变化概念,遵循去伪存真的原则,参考钻时曲线,进一步在岩屑中上追顶界、下查底界,卡分出层来,对每层的代表样进行描述。

2."卡层"的原则

(1)在大段单一岩性中,如有新成分出现(如大段泥岩中出现砂质岩),或是同一岩性内颜色有变化时,都应单独卡出层来。

(2)根据不同岩性的数量变化情况进行卡层。

(3)以 0.5 m 为单层厚度的最小单位。因为小于 0.5 m 的岩层在岩屑中常不明显,在绘图时亦不易表示,在综合研究时除有特殊意义的岩层外也很少应用。

3.岩屑初描和细描

(1)岩屑的初描。岩屑洗净后,应对岩屑进行初描。初描的目的和内容主要是:

1)掌握钻时与岩性的关系,以便了解二者深度的符合程度,检验钻井液迟到时间,校正井深。

2）系统观察岩性，识别真伪岩屑，参照钻时分层定名，对其中少量的特殊岩性及特殊的结构、构造等，要挑出样品包好，注明深度，放在相应深度的岩屑上面，以备细描时参考。

3）细致观察是否有油砂，如有显示应包一小包，注明深度，放在该深度的岩屑上面。

4）对岩性进行粗略描述，以便掌握岩层层序，为修改地层预告提供依据，粗描要做到新成分出现卡出单层厚度，结合钻时卡出渗透层以初步判断油、气层。

（2）岩屑的细描。岩屑晒（烘）干后应及时进行系统、细致的描述。对岩屑描述的要求着重在岩石定名和含油、气情况。

六、碎屑岩岩屑描述

岩性定名、颜色、矿物成分、结构、构造、含有物、物理化学性质、含油气显示情况。碳酸盐岩定名主要依据岩石中碳酸盐矿物的种类，次要依据岩石中的其他物质成分，着重突出与岩石储集性能有关的结构构造。

1.岩性定名

按"颜色＋含油级别＋岩性"定名。

2.颜色

以新鲜干燥面为准，主要颜色在后，次要颜色在前。

3.矿物成分

描述能判断出的主要矿物成分及其他成分的相对含量，可用"为主、次之、少量、偶见"等术语来描述。描述视同岩芯描述中的矿物成分。此外，结合各矿物成分自身表现出来的一些地质现象，尽可能地进行描述。

4.结构

结构描述以粒度、分选、磨圆程度为主，颗粒表面特征也应详加描述，根据岩屑显示的结构特点参照岩芯结构描述内容进行。

5.构造

构造描述视其岩性显示特征，参照岩芯构造描述进行。

6.胶结物及胶结程度

胶结物成分常见的有泥质、高岭土质、灰质、白云质、硅质和铁质等。

胶结程度分四级：松散、疏松、较疏松、致密。

松散：一般胶结物很少，且多为泥质胶结，其特征是岩石成散粒；

疏松：一般为泥质或高岭土胶结，其特征是用手可将岩石捻成细颗粒；

较疏松：胶结物含量多，多为泥质胶结，含少量灰质，其特征是用手难以捻成颗粒；

致密：胶结物含量多，多为灰质、白云质和硅质胶结，其特征是用手不易将岩石捻成颗粒。

7.化石及含有物

化石：描述化石名称、颜色、成分、大小、数量、产状、保存情况。

含有物：常见的有黄铁矿、菱铁矿、炭屑、沥青、盐类矿物、次生矿物等；描述名称、颜色、大小、结晶程度、透明程度、数量、产状、分布特征等。

8.物理化学性质

描述岩屑的硬度、风化程度、断口、水化膨胀和可塑性、燃烧的程度、光泽性、溶解性、含钙情况(与盐酸反应情况)。

9.岩屑形状

岩屑形状有团块状、团粒状、片状、粉末状、碎块状、扁平状等(处理事故、研磨落物等岩屑失真,岩屑形状可以不描述)。

10.含油气水情况

应根据该层钻遇情况结合气测、地化等资料将油气水特征描述清楚。主要为含油产状(均匀、条带、斑块、斑点等)、含油饱满程度、含油面积、含油岩屑占定名岩屑的比例(量少时定颗数)、原油性质(轻质油、油质较轻或较稠油、稠油)、油味(浓、淡、无)滴水形状,以及荧光湿照、干照、滴照颜色,荧光级别。应重点观察以下几个方面:

(1)井口、槽池、振动筛前显示情况。

(2)荧光颜色、产状、含量、滴照、浸泡、系列对比情况。描述含油产状时用斑点状、斑块状、条带状、不均匀状等术语描述。

(3)岩屑含油产状、含油饱满程度、含量、颜色、含油与岩性关系等,依标准综合定级。

11.沉降试验、含气试验、滴水试验

(1)沉降试验:将油砂捻碎,放入试管中,加入 5 mL 四氯化碳摇晃。砂岩中原油快速溶解,砂粒分散下沉,呈均匀状溶解,为油层特征;砂岩不能快速分开,原油溶解缓慢,呈絮状不均匀,为油水同层特征;砂岩溶解缓慢-很差,岩样分散差或不散开,呈凝集块状沉淀,为水淹层或含油水层特征。

(2)含气试验:将新鲜岩屑放入水盆中,观察有无气泡。

(3)滴水试验:用注射器小针头汲取一滴水,滴在岩屑新鲜面上,观察其渗入速度和形状,根据渗入情况确定含油性特征(岩芯滴水试验)。

(4)浸入环观察:相同岩性,含水量越多,亲水性越强,浸入环就越宽,反之就越浅。

12.各类岩石描述的侧重点

(1)砂岩:岩石名称、颜色、矿物、岩块、粒度、圆度及分选、胶结物与胶结程度、结构、构造、含有物及化石。

(2)泥质岩:岩石名称、颜色、含砂、含钙、含碳情况,可塑性、吸水性、滑感性以及固结程度及硬度、包裹物及化石等。

(3)砾岩:颜色及砾石成分、大小、分选、圆球度、表面性质及充填物或胶结物、胶结类型。

(4)碳酸盐岩:岩石名称及颜色、含有物、化石、结构、构造及结晶程度等物理性质。

(5)岩浆岩:岩石名称及颜色、成分、结构、构造等。

(6)变质岩:岩石名称及颜色、成分、结构、构造等。

(7)石膏、盐岩、煤、油页岩、各类矿层及化石层等特殊岩性层均要单独分层定名,描述其颜色、产状、结晶程度及透明度、溶蚀情况。

七、岩屑含油级别划分

1.确定孔隙性岩屑的含油级别

(1)观察其含油颜色。一般岩石含油越多,其颜色越深。随着含油量的增多,颜色变化由浅至深,即浅棕色、棕色、棕褐色、浅褐色等,但要注意区分岩石本身的颜色与油颜色。

(2)观察含油部分占该颗粒岩屑的百分比、含油产状及含油面积。含油面积是确定含油级别的重要依据。含油产状分为匀块状、斑块状、条带状、星点状、微弱漫染等。

（3）观察其含油饱满程度。含油饱满程度是通过岩屑的油脂感、污手程度、滴水试验来判断的。岩屑的饱满程度通常分为含油较饱满、含油不饱满。

（4）确定含油级别。根据含油岩屑的含油面积、含油产状、饱满程度等综合分析，把碎屑岩含油级别分为饱含油、富含油、油浸、油斑、油迹、荧光六级（见表 1.3.1）。

表 1.3.1 碎屑岩含油级

含油级别	含油岩屑占岩屑的质量百分数/（%）	油脂感	味	滴水试验
饱含油	＞95	油脂感强、染手	原油味浓	呈圆珠状、不渗入
富含油	70～95	油脂感较强、染手	原油味较浓	呈圆珠状、不渗入
油浸	40～70	油脂感弱、可染手	原油味淡	含油部分呈馒头状
油斑	5～40	油脂感很弱、可染手	原油味较淡	含油部分呈馒头状、微渗
油迹	≤5	无油脂感、不染手	能够闻到原油味	滴水缓慢渗入-渗入
荧光	肉眼不可见	无油脂感、不染手，荧光系列对比 6 级以上（含 6 级）	一般闻不到原油味	渗入

2. 确定裂缝性岩屑的含油级别

（1）观察含油颜色。岩石含油越稠、越饱满，颜色越深，但要区分岩石本身的颜色与油颜色。

（2）观察含油产状。注意缝洞岩屑和自形晶矿物的含油情况。

（3）做荧光干照、湿照试验。

（4）确定含油级别。主要根据含油岩屑占定名岩屑的百分含量确定。划分富含油、油斑、油迹、荧光四级（见表 1.3.2）。

表 1.3.2 裂缝性岩屑的含油级别

显示级别	含油岩屑占定名岩屑的百分含量/（%）
富含油	＞5
油斑	5～1
油迹	＜1
荧光	荧光系列对比在 6 级以上（含 6 级）

3. 确定稠油岩性的含油级别

（1）观察其含油颜色。稠油含胶质、沥青质高，因此其颜色较深，一般为褐色、黑褐色。

（2）观察含油产状及含油面积。含油面积是确定含油级别的重要依据。含油产状分为匀块状、斑块状、条带状、星点状、微弱浸染等。

（3）观察其含油饱满程度。含油饱满程度是通过岩屑的油脂感、污手程度、滴水试验、沉降试验等来判断的。岩屑的饱满程度通常分为三级:饱满、较饱满、不饱满。

(4)确定含油级别。根据含油岩屑的含油面积、含油产状及饱满程度等进行综合分析,把稠油岩屑含油级别划分为富含油、油浸、油斑三级。其具体划分情况见表1.3.3。

表 1.3.3 稠油岩性的含油级别

定名	含油面积占岩石总面积百分比/(%)	含油饱满程度	颜色	油脂感	味	滴水试验
稠油含油	>70	含油饱满、较均匀,颗粒被原油糊满,局部见不含油的斑块、团块和条带	棕褐、褐、黑褐色	有油脂感,染手、粘手	有原油味	呈圆珠状不渗入
稠油油浸	40~70	含油欠饱满	以黑褐色为主	微油脂感、含油部分见岩石本色	原油芳香味较淡	含油部分滴水呈馒头状
稠油油斑	<40	含油不饱满,多呈斑状、斑点状	含油部分呈黑褐色		能闻到油味	滴水缓慢渗入

八、岩屑描述注意事项

(1)描述人必须保持标准统一,内容连贯,术语一致,每口井的描述必须有专人负责。如果中途换人,二人必须共同描述一段时间,以便统一标准,统一认识,尽量避免描述混乱。

(2)描述人员必须熟悉区域地质资料及邻井实钻剖面,做到心中有数。

(3)描述岩屑时,应选择光线较好的地方,便于颜色的确定。对于含轻质油岩屑,由于其挥发快,应及时描述,同时还应参考小班的荧光湿照记录。

(4)每次摊开的岩屑,待描述完后,应留下最后的3~4包,以便下次连续观察,对比分层描述。岩屑描述时应跟上钻头所钻的层位,要注意区分水泥碎块和灰岩。

(5)岩屑描述同时,应按设计要求选出化验分析样品及制作实物剖面用的岩样。当岩性拿不准、层位不清时,必须挑样进化验室鉴定。

(6)岩屑描述时必须综合考虑钻时、气测、钻井液及井口、槽池、振动筛前的显示资料,以及工程事故情况。

(7)使用钻时资料时,应注意钻头类型及新旧程度、钻井液性能、排量变化等因素的影响。分层井深与对应钻时井深误差不大于两个取样间距。

(8)岩屑中出砂较少时,应慎重。若是第一次出现,可参考钻时定层;若前面已出现过,则应综合分析,再决定是否定层。要求油气显示发现率达到100%,不能漏掉厚度大于0.5 m的特殊岩性层。

(9)油气显示层、标准层、特殊岩性层描述后要挑出实物样品,用纸包好,放在岩屑中,供挑样和复查时参考。

(10)中途电测或完井电测后,应及时校正岩性,发现岩电关系不符时,必须及时复查岩屑,并将复查结果记录在复查栏中。

任务四　岩屑录井图

1. 随钻录井草图

随钻录井草图如图1.3.3所示。

××井随钻岩屑录井图

1∶500

绘图单位:　　　　　　　　　　　　录井仪类型:

层位	钻时"dc"指数	全烃组分值	井深 m	颜色	岩性剖面	槽面显示	含有物	钻井取芯位置	荧光		自然电位自然伽马	深侧向	颜色	校正剖面	测井解释	录井解释	40
									湿照颜色	系列级别							
5	25	40	10	10	30	10	10	5	20		25	25	10	30	5	5	

图1.3.3　随钻录井草图

(1)按规定格式和比例尺,在透明标准计算纸的背面,用黑色绘图墨水绘制岩屑草图图头。碎屑岩剖面的深度比例尺为1∶500,碳酸盐岩剖面为1∶200。

(2)地层:以现场分层意见标注地层界线,填写地层所属的最小地层单位。

(3)井深:从录井顶界开始,每25 m用阿拉伯数字标一个井深,每100 m标全井深。

(4)钻时曲线。根据钻时记录数据确定恰当的横向比例并标出各点,将各点用点画线相连。若某段钻时太高,可采用第二比例。换比例时,应在相应深度位置注明比例尺,同时上下必须重复一点。在钻时曲线右侧,用规定符号标出起下钻位置和日期。

(5)有定量荧光录井时,将定量荧光数据画在相应的深度上。

(6)颜色。按统一色号填写在相应位置,厚度小于0.5 m的地层,可不填色号,但特殊岩性要填写。

(7)岩性剖面。按粒度剖面符号进行绘制,含油气产状按标准图例绘制。

(8)化石构造及含有物。化石、构造、特殊矿物及含有物均按标准图例绘制在相应深度位置。

(9)气测曲线。上气测的井应绘制相应的全烃曲线和组分曲线。根据色谱分析记录绘制全烃曲线,异常井段处画5个等分框格,标出组分分析数据。

(10)有地化录井时,将地化数据画在相应的深度上。

(11)中途测井或完钻电测后,将测井曲线(一般为自然电位曲线或自然伽马和视电阻率曲线)透绘在岩屑图上,以便于复查岩性。

(12)备注栏。将钻井过程的槽面显示和有关的工程情况简略写出,或用符号表示。

2. 录井综合图

录井综合图如图1.3.4所示。

____井录井综合图		
绘图人　　　　　　　　　　　　　　　　1：500　　　　　　　　　　　　　　绘图		40
日期：　　　　年　　月　　日		
盆地名称：　　　　　　　　　构造名称：		30
井别：		
构造位置：　　　　　　　　　地理位置：		
钻探目的：		

坐 X= m　经度：　地面海拔：m	设计井深：　m　开钻日期：	20
标 Y= m　纬度：　补芯海拔：m	完钻井探：　m　完钻日期：	
	完钻层位：　　　完井日期：	

业主单位：　　　　钻头程序　　　套管程序　　　录井井段：　m～　m
录井单位：　　　　　　　　　　　　　　　　　　　录井时间：　～
仪器型号：
录井地质师：
录井工程师：

图例		20

钻时（孔隙度）	自然电位（自然伽玛）	层位	井深 m	颜色	岩性剖面	取芯井段	井壁取芯	双侧向（电阻率）	全烃								测井解释	录井解释	40
									C_1	C_2	C_3	iC_4	nC_4	iC_5	nC_5				
30	40	5	10	10	30	15		65	40								10	10	

图 1.3.4　录井综合图

(1)盆地名称、构造名称、井别、构造位置、地理位置、钻探目的：按钻井地质设计书填写。

(2)坐标、地面海拔、补芯海拔：填写井位复测数据，单位：m，保留 2 位小数。

(3)经度、纬度：填写与复测坐标相对应的经、纬度值。

(4)设计井深：填地质设计井深数据。

(5)完钻井深：填写实际完钻井深。

(6)完钻层位：填写完钻时井底层位，用汉字填写组、段、亚段。

(7)开钻、完钻、完井日期：用阿拉伯数字和汉字填写年月日。

(8)业主单位：填至油田公司二级单位。

(9)录井单位：填至××公司(处)××录井队。

(10)仪器型号：填写综合、气测录井仪器的型号。

(11)录井地质师、录井工程师：填写录井小队录井地质师姓名。

(12)钻头程序：依据钻头直径由大至小填写钻头的尺寸和钻达井深。

(13)套管程序：填写表层、技术、油层套管的尺寸和下深。

(14)录井井段:填写岩屑录取井段。

(15)录井时间:开钻日期至结束录井日期。

(16)主要图例:本井使用的图例。

(17)钻时:按每米1点的钻时值绘制曲线,线型为折线,根据钻时高低可变换横向比例。起下钻符号绘在钻时曲线右侧 5 mm 处。若有 PK 仪分析的孔隙度值,则同时绘制孔隙度的棒值图。

(18)全烃、组分值:用折线绘制全烃数据曲线,全烃值在 $10\sim100$,用点画线绘制,全烃值在 $1\sim10$,用点线绘制,全烃值在 $0.1\sim1$,用虚线绘制,全烃值在 $0.01\sim0.1$,用实线绘制。在异常井段处用直线段画成 7 个等分框格(框格的顶底界为异常井段的顶底界),分别填写该段 $C_1\sim nC_5$ 组分分析的数据。

三、岩屑录井草图应用

(1)为地质研究提供基础资料。岩屑录井是最直接了解地下岩性、含油性的第一性资料。通过岩屑录井,可掌握井下地层的岩性特征,建立井区地层岩性柱状剖面;及时发现油气层;进行生油指标分析,了解区域生烃能力。

(2)进行地层对比。用岩屑录井草图与邻井对比,可及时了解本井的正钻层位、岩性特征、岩性组合,以便及时校正地质预告,推断油、气、水层可能出现的深度,指导下一步钻井。

(3)为测井解释提供依据。岩屑录井草图是测井解释的重要地质依据。对探井来说,可用来标定岩性,进行特殊岩性及含油气解释,提高测井解释精度。

(4)为钻井工程事故处理提供依据。在处理工程事故的过程中,利用岩屑录井草图可分析事故发生的地质原因,制定有效的处理措施。在进行中途测试、完井作业过程中也要参考岩屑录井草图。

(5)岩屑录井草图是绘制完井综合录井图的基础。完井综合录井图中的综合解释剖面是以岩屑录井草图为基础绘制的。岩屑录井草图的质量直接影响着综合图的质量。因此,提高岩屑录井质量,绘制高精度的岩屑录井草图,能够为勘探开发提供可靠的基础资料。

四、剖面校正

1. 各种岩性在测井曲线上的一般特征

各类岩石因其岩石性质的差异,在测井曲线上反映出不同的电性特征。反之,根据不同的电性特征就可以确定岩石的性质。常见的几种岩性在测井曲线上的特征如下:

(1)泥岩:视电阻率曲线显示平直,自然电位曲线平直无异常,微电极曲线幅度低平无幅度,自然伽马曲线读数最高,中子伽马曲线读数最低,声波时差较小。

(2)砂岩:视电阻率曲线出现幅度,幅度的高低与岩性、地层水矿化度、胶结物性质、含量、胶结程度密切相关;微电极曲线出现正幅度差;自然电位曲线显示负异常,且随泥质含量的减少,幅度增大;声波时差曲线出现平台状;自然伽马值最低,并随泥质含量增加而读数变高。

(3)灰质砂岩:视电阻率曲线显示高值;微电极曲线幅度高于普通砂岩,但幅度差小;自然电位一般有小的负异常。

(4)油页岩:视电阻率曲线显示高值;微电极曲线呈高幅度的尖峰,多为负幅度差;自然电位曲线平直,个别情况下,可出现负异常。

(5)炭质页岩:视电阻率曲线显示中等～高值;微电极曲线幅度较高,无幅度差,或有小的负幅度差;自然电位正异常;声波时差低值;自然伽马曲线显示低值。

(6)灰岩、白云岩:视电阻率曲线呈现高阻尖峰;微电极曲线幅度高,亦呈尖峰状,若与其他岩性成薄互层则曲线呈锯齿状,有幅度不大的正差异或负差异;自然电位曲线平直或略显负异常;自然伽马低值;中子伽马高值;声波时差最低。如果孔隙、裂缝比较发育时,微电极曲线幅度变低,且有明显的正幅度差;自然电位呈现负差异;声波时差增高,有时出现周波跳跃现象。

(7)生物灰岩:视电阻率曲线显示高值;微电极曲线幅度高,呈正幅度差;自然电位曲线负异常。随生物灰岩孔隙发育情况的不同,微电极曲线的幅度差及自然电位的负异常也有所不同。

(8)泥灰岩:视电阻率值较高,且随钙质含量的增加而增高;微电极曲线幅度较高。有小的正差异或负差异;自然电位曲线平直;自然伽马值高于灰岩。

(9)石膏:视电阻率值高,如含泥质时,则视电阻率值高中有低;自然伽马低值;声波时差小(一般在 55 μm/s);井径扩大。

(10)岩浆岩:由于岩浆岩内部结构特征的不同,或遭受了不同程度的风化等原因,使岩浆岩在各种电测曲线上的反映也有很大的不同,但视电阻率曲线幅度特别高是岩浆岩的普遍特征。

2.校正深度

与取芯深度误差校正类似,选取在钻时曲线、电测曲线上都具有明显特征的岩性层来校正(见图1.3.5)。深度校正主要依靠钻时曲线与电测曲线之间的深度差值,将岩性剖面上提或下放。

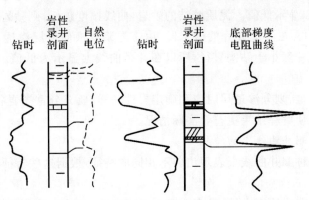

图 1.3.5　取芯在钻时曲线及电测曲线上的变化

3.复查岩屑,落实剖面

岩屑录井剖面的岩性与电测曲线解释的岩性如有不符合现象,就应分析测井曲线和复查岩屑,找出原因进行修正。电测解释中不存在的岩层,复查中觉得岩屑、钻时的变化并不明显的应该取消;电测解释不存在的岩层,若岩屑、钻时的变化很清楚、很可靠的仍要保留。井壁取芯与岩屑、电性有矛盾时可按条带处理,或考虑是否为薄夹层,或电测曲线不易分辨等原因。复查中发现的漏描层应补上。复查中不能解释的主要的岩电矛盾应作为问题在报告中提出。

由于井喷、井漏和其他原因未捞取岩屑而又无钻井取芯或井壁取芯资料时,岩性剖面可参考钻时等其他资料,按电性进行剖面解释,但不能推断含油级别,也不画颜色符号,并在相应位置或附近加以说明。

4. 归位原则

(1)校正剖面必须以原始剖面为基础,根据沉积旋回反映的电性特征,按粒度剖面升一级和降一级校正,不能跨越二级(即泥岩不能校正为泥质粉砂岩)。

(2)不同次数的测井曲线有不同的系统误差,若有取芯井段,则参考取芯井段的系统误差进行校正。

五、综合解释

1. 划分渗透层

在砂泥岩剖面中渗透层一般指的是砂质岩类。渗透性砂岩在各种测井曲线上的特征如下:

(1)自然电位曲线:当地层水矿化度大于泥浆滤液的矿化度时,渗透性砂岩在自然电位曲线上显示负异常;当地层水矿化度小于泥浆滤液的矿化度时,渗透性砂岩在自然电位曲线上显示正异常。正、负异常幅度的大小是随砂岩含泥量的多少而变化的,幅度越大,说明砂岩含泥量越少,渗透性则越好。

(2)微电极曲线:渗透性砂岩在微电极曲线上显示正幅度差,且幅度较高,显平台状。幅度差越大,反映了砂岩的渗透性越好。

(3)在声波时差曲线上:渗透性砂岩的声波时差中等,一般在 $300 \sim 400 \ \mu m/s$ 之间,曲线变化平缓,有时呈平台状。一般情况下时差变大,渗透性变好;时差变小,则渗透性变差。

(4)在自然伽马曲线上:因为自然伽马强度与含泥量有关,一般渗透性砂岩含泥量少,自然伽马射线强度小,所以显示低值。泥质胶结的砂岩,曲线幅度越低,则砂岩渗透性越好。

(5)在井径曲线上:在渗透性好的砂岩段,由于泥浆滤液向地层渗透,使该段井壁形成泥饼,因而使井眼缩小,一般小于钻头直径,所以在井径曲线上显示为低值。但疏松的容易垮塌的砂层则例外。

需要强调指出的是,划分渗透层时应和确定岩性一样,要充分重视岩芯、岩屑、井壁取芯等资料,只有这样,才能使解释结果更符合实际情况。

2. 油、气、水层在测井曲线上的特征

油、气、水层在各种测井曲线上表现出各不相同的特征,根据这些特征,就可以把它们区分开来。

(1)油层:微电极曲线幅度中等,具有明显的正幅度差,并随渗透性降低,幅度差有所降低;自然电位显示负异常,并随泥质含量的增加异常幅度变小;长短电极视电阻率曲线均为高阻尖峰;感应曲线呈明显的低电导(高电阻);声波时差中等,曲线平缓呈平台状;井径常小于钻头直径(缩径);深、浅侧向视电阻率曲线出现正幅度差,深侧向曲线幅度大于浅侧向曲线幅度(意味着钻井液低侵)。

(2)水层:微电极曲线幅度中等,具有正幅度差,但与油层相比幅度相对较低;自然电位曲线负异常,且异常幅度比油层大得多(淡水层则显示正异常);短电极视电阻率曲线显示明显的高阻,而长电极则显示低阻;感应曲线是高电导值(淡水层是低电导值);声波时差中等,且呈平台状;深、浅侧向视电阻率曲线出现负幅度差,深侧向曲线幅度小于浅侧向曲线幅度(意味着钻井液高侵)。

（3）气层：在微电极、自然电位、视电阻率曲线上的特征均与油层相同，所不同的是在声波时差曲线上出现明显的周波跳跃或台阶式增大，感应测井电阻率高，中子伽马曲线幅度比油层高。

3.综合解释时注意下列问题

（1）综合解释必须参考组合测井资料，以克服电测解释的多解性。

（2）单层厚度小于 0.5 m 者，一般岩性可以不作解释，在岩性综述中加以叙述，但对成组的薄互层应适当表示；对有意义的特殊岩性、标准层及油、气显示层，剖面上应扩大为 0.5 m 解释。

（3）除油、气层和砂层深度、厚度的解释接近组合测井解释的深度和厚度外，其他岩层解释界限可校正在半米或整米上。

任务五　制作岩样汇集及岩屑实物剖面

一、岩样汇集

1.实物剖面制作

实物剖面制作格式如图 1.3.6 所示。

×× 盆地（坳陷）×× 构造 ×× 井岩屑实物剖面图

1∶500（或 1∶1 000）

×× 录井公司　　　　　　　　　年　月　日

地层				井深	岩性剖面	备注
界	系	组	段			
0.5 cm	0.5 cm	0.5 cm	0.5 cm	1.5 cm	4 cm	2.5 cm

图 1.3.6　实物剖面制作格式

2.样品的挑选

（1）样品从描述定名且晒干后的岩屑副样中挑选。

（2）挑样的间距：

1）油砂代表样每显示层一包。

2）岩样汇集按岩屑描述定名情况，逐层挑选，厚度为 1～4 m 的岩层挑样一包，厚度大于 4 m 的层每隔 2 m 挑一包。

3）实物剖面样品按岩屑描述逐层挑选。

（3）挑选环境：在充足的自然光下挑选，荧光级别显示的岩样在荧光灯下挑选。

（4）样品数量挑取要求：

1）油砂代表样和岩样汇集每包重 50 g，若实钻岩屑数量确实不足，可适量。

2）实物剖面挑取适量，够用即可。

（5）挑取的岩屑要具有代表性，排除假岩屑的干扰。

二、粘贴实物剖面

1. 制作实物剖面材料

(1)选用 40 mm×50 mm 特制塑料袋若干个、镊子、钢笔、岩性标签、放大镜、盛有质量分数为 5%～10% 的盐酸滴瓶、荧光灯等。

(2)备有岩屑剖面册及粘贴井段的岩屑描述、岩屑样品。

(3)备有白乳胶、毛刷、硬纸板、镊子、刀片、30 cm 直尺、绘图笔、绘图墨水、不透明标准计算纸、荧光灯、大头针、挑样盘、钢笔、记录纸等。

(4)把纸板、标准计算纸分别裁为 10 cm×11 cm(作图头用)和 65 cm×35 cm,2 cm×35 cm 的长条备用。

(5)把与纸板大小相同的标准计算纸背面用胶水贴在纸板上,压平待用。

2. 制作实物剖面

油砂代表样或岩样汇集的整理与制作。

1)熟悉单井剖面资料和岩屑描述记录,选择具有代表性的层位进行挑样。

2)将选好层位的岩屑,从岩屑盒中取出,按顺序由浅至深逐包摊开,具体包数可根据操作环境的大小而定,一般 5～10 包为宜,放在 25 cm×25 cm 硬纸上。

3)手持弹性镊子拨动岩屑,挑出代表性样品。

4)把岩样装入 40 mm×50 mm 特制的小塑料袋内,把填好的标签装在塑料袋内,在小塑料袋内装入标识纸卡片同时将袋口折叠,用大头针别好。

5)把装有岩样的小塑料袋,接井深由浅至深的顺序分别装入《油砂代表样》或《岩样汇集》本中,排列整齐,纸卡片字面应朝外。

6)用线绳将《油砂代表样》或《岩样汇集》本装订好,在封面透明塑料袋内装入标识卡片。

3. 粘贴实物剖面

(1)在准备好的硬纸板上贴上不透明的标准计算纸,压平待用。

(2)在贴好图头的硬纸板上用仿宋字(或等线体)书写"一级、二级、三级构造名称"及"××井岩屑实物剖面",字的大小为 1 cm×0.8 cm。

(3)在图头下空 1 cm 居中位置书写比例 1∶500(或 1∶1000)。

(4)图头下空 35 cm,用宽 0.9 mm 的线条绘制图框边线;用宽 0.6 mm 的线条绘制项目隔线;距图框上边线 2 mm 处,与图框左边线对齐,用仿宋字书写单位全称。

(5)图头项目包括地层、井深、岩性剖面、备注。

(6)编绘图幅,粘贴实物剖面。

1)在标准计算纸上绘出层位、井深、颜色、岩性剖面及备注栏隔线。

2)在井深栏右侧每 10 m 划一长 3 mm 横线,每 50 m 划一长 5 mm 的横线,分别标出井深的十位数及全井深。

3)地层以实钻地层为准,备注栏填写制作人、制作时间、特殊岩性的说明及其他。用汉字填写地层层位。

4)岩性剖面栏中,沿两边线用单面刀片刻穿,在背面贴上不透明标准计算纸,正、反两面的不透明标准计算纸朝向同一方向并且对齐。

5)在岩性剖面栏内用排笔均匀地刷上一层白乳胶,把挑好的岩样按井深及岩层厚度,用镊子依次粘牢在标准计算纸槽内,做到美观、整洁。

6)用硬纸板将粘牢的剖面压一压,晾干,待干后用透明胶纸封住。

7)一张粘牢后,若不够用,则再粘另一张,依此类推,粘够为止,图头、比例尺及项目栏只在第一张显示。每张长度为 33 m。

8)备注栏:

A. 填写粘贴人、审核人姓名和完成时间。

B. 填写槽面油气显示、放空、井漏、井喷等简况及需要说明的问题。

9)全部工作完成后,用宽 0.9 mm 的线条封底。

10)绘制图例:

A. 在图框底线下 1 cm 中部,用仿宋字(或等线体)书写图例二字,大小为 1 cm×8 cm。

B. 图例字下空 1 cm,左侧绘制粒度剖面,右侧绘制图例符号。

将制作后的若干张剖面装入《岩屑柱状剖面图册》内,先从左开始自上而下装,装满后再从右侧自上而下装,一本册子装完后再装另一册,直至装够为止。

习题与思考题

1. 岩屑录井的影响因素有哪些?

2. 说明实测法测量迟到时间的过程及其原理。

3. 如何确定捞砂时间?

4. 取样时注意哪些问题?

5. 说明岩屑描述的要求。

6. 如何鉴别岩屑?

7. 应用岩屑如何进行卡层?

8. 说明岩屑含油级别划分方法。

9. 岩屑录井图绘制时有哪些内容?岩屑录井图的应用有哪些?

项目四 井壁取芯

用井壁取芯器,按指定的位置在井壁上取出地层岩芯的方法叫井壁取芯。通常在电测完毕以后立即进行井壁取芯流程如图 1.4.1 所示。

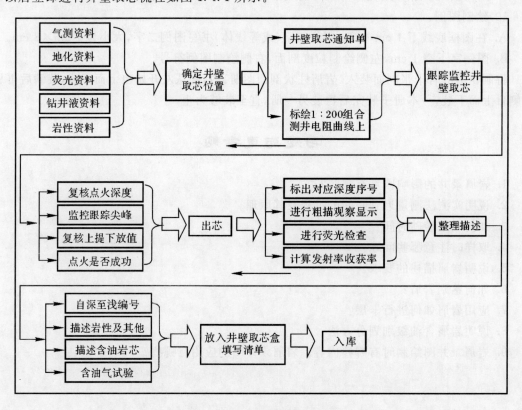

图 1.4.1 井壁取芯流程图

任务一 井壁取芯基础知识

一、井壁取芯的目的、要求、应用及确定原则

1. 井壁取芯的目的

井壁取芯的目的是证实地层的岩性、含油性及与电性的关系,满足地质方面的特殊要求。

2. 井壁取芯的质量要求

(1)取芯密度依设计或实际需要而定。通常情况下,应以完成地质目的为主,重点层应加密,取出的岩芯必须是具有代表性的岩石。

(2)井壁取芯的岩芯实物直径不得小于 10 mm,岩芯实物有效厚度不得小于 5 mm,条件具备时,尽可能采用大直径井壁取芯。每颗井壁取芯在数量上应保证满足识别、分析、化验之用。若泥饼过厚或打取井壁过少,不能满足要求时必须重取。井壁取芯岩性与岩屑录井岩性出入较大时,要校正电缆后重取。

(3)井壁取芯出井后,要保证岩芯的正常顺序,避免颠倒。及时按井深由深至浅的顺序系统编号,贴好标签,准确定名。及时观察描述油气显示,选样送化验室。描述后要及时整理,并一一对应装入贴好深度和序号标签的岩芯盒。

(4)井壁取芯数量不得少于设计要求,收获率应达到 70% 以上。

(5)预定的取芯岩性,应占总颗数的 70% 以上。

(6)为确保岩芯的真实性,防止岩芯污染,要求接触岩芯的工具必须干净无污染。

(7)填写井壁取芯清单一式两份,一份附井壁取芯盒内,一份留录井小队原始记录中。岩芯实物,现场观察描述完后应及时送交有关单位使用。

3.井壁取芯作业要求

(1)井壁取芯工艺由现场地质技术人员与取芯施工队伍制定,并完成作业任务。

(2)井壁取芯是对油气探井完钻后,完成电测井时,视井下实际情况需要而定的,由各油气田勘探部(或相当的地质主管部门)决定。

(3)由录井单位和施工单位及地质设计的有关技术人员在现场具体确定取芯位置和取芯颗数。

(4)确定井壁取芯时,必须结合钻时、气测、岩屑、岩芯及钻井液录井资料、电测资料,以综合测井曲线为重要依据。

(5)要精心施工,确保井壁取芯的质量和取芯深度的准确性。

4.井壁取芯资料的应用

(1)井壁取芯与岩芯一样属于实物资料,可以利用井壁取芯来了解储层的物性、含油性等各项资料。

(2)利用井壁取芯进行分析实验,可以取得生油层特征及生油指标。

(3)可用于弥补其他录井项目的不足。

(4)用以解释现场录井资料与测井资料相矛盾的层段。

(5)利用井壁取芯可以满足一些地质的特殊要求。

5.确定井壁取芯原则

遇下列层段应确定井壁取芯。

(1)钻井过程中有油气显示需要进一步证实的层段。

(2)漏取岩屑的井段或岩芯收获率很低的井段。

(3)邻井为油气层,而本井无显示的层段。

(4)岩屑录井无显示,而气测有异常,电测解释为可疑层的层段。

(5)岩屑录井草图中岩电不符的层段。

(6)需要了解储油物性,应取芯而未进行钻井取芯的层段。

(7)具有研究意义的标准层、标志层及其他特殊岩性层段。如断层破碎带、油气水界面等。

(8)电测解释有困难,需要井壁取芯提供依据的层段。

二、井壁取芯资料收集

1.井壁取芯资料的收集

(1)基本数据,包括取芯深度、设计颗数、实装颗数、实取颗数、含油气显示颗数、无油气显示颗数、发射率、符合率、收获率等。

(2)岩芯粗描应包括每颗取芯的深度、岩性定名、颜色、含油级别。

(3)岩芯细描时应填写井壁取芯描述专用记录。

(4)井壁取芯情况用规范符号标注在岩屑综合录井图上。

(5)荧光颜色以湿照荧光为准。井深单位用 m 表示,取一位小数。

任务二　井壁取芯方法和步骤

一、确定井壁取芯位置

(1)透绘测井曲线:将 1∶200 的 0.45 m 底部梯度曲线(或 0.5 m 电位曲线及其他电阻率曲线)和自然电位曲线(或自然伽马曲线及其他渗透性曲线)透绘在透明计算纸上。

(2)根据不同的取芯目的,选定井壁取芯层位。

(3)确定井壁取芯位置:根据录井资料和测井资料进行综合分析,由地质、气测、测井绘解人员及地质设计人员共同协商,确定井壁取芯深度、颗数。

1)砂泥岩剖面的油层段,在底部梯度曲线极大值的上斜坡和自然电位曲线的高负幅度上确定取芯深度。

2)油气显示厚度较大时,先卡出电性的顶、底界,然后分别在顶部、中部和底部确定井壁取芯位置。

3)标准层、标志层及其他特殊岩性,参考微电极,落实岩性的电性特征及深度后,确定井壁取芯位置。

(4)复查井壁取芯位置:读出准确深度,自下而上进行编号,并在 1∶200 的 0.45 m 底部梯度(深测向)曲线上划出位置线(见图 1.4.2)。

(5)填写井壁取芯通知单:将井壁取芯的顺序、深度、颗数及取芯目的填写在井壁取芯通知单上。

(6)在岩屑草图上标注井壁取芯:将每颗井壁取芯的深度和序号用红铅笔标注在岩屑录井草图上,便于复查落实岩性及油气显示情况。

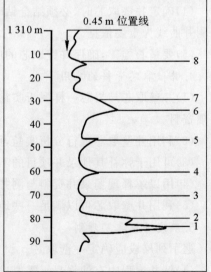

图 1.4.2　井壁取芯位置情况图

二、跟踪监控井壁取芯

(1)向炮队介绍本井钻遇地层及井下情况,包括钻头程序、井身结构、地层、岩性及井下特殊情况等。

(2)向炮队提供井壁取芯通知单。

(3)选取被跟踪曲线特征峰段：取芯前，在被跟踪曲线上选一段特征明显的曲线，作为井壁取芯跟踪对比标志。

(4)复核点火深度：找出每颗井壁取芯被跟踪时的参照尖峰深度。

1)计算首次零长：开始取芯时，当记录仪走到被跟踪曲线上第一个取芯位置时，说明井下电极系记录点正好位于第一个预定的取芯深度上，但各个炮口还在取芯位置以下。为使第一个炮口与第一个取芯深度对齐，还必须使取芯器上提一定距离，这段上提距离即为首次零长。首次零长等于电极系记录点到第一颗炮口中心的距离。

2)计算上提距离：先在跟踪曲线上找出最下一个取芯深度的位置，紧邻下方寻找一个易于对比的电阻特征峰，以特征峰的井深为准，计算上提距离(见图 1.4.3)。

上提值按以下公式计算：

$$首次上提或下放值＝(尖峰深度)＋(首次零长)－(第一颗取芯深度)$$

$$其他颗上提值＝(第一颗取芯深度)－(后一颗取芯深度)－(炮间距)$$

跟踪井壁取芯情况示意图。计算结果，正值为上提值，负值为下放值，炮间距一般为0.05 m。

如某井进行跟踪井壁取芯，被跟踪参照尖峰深度为 2 541.2 m，首次零长为 4.6 m，第一颗取芯深度为 2 537.4 m，第二颗取芯深度 2 535.8 m，求每次上提值：

首次上提值＝(尖峰深度)＋(首次零长)－(第一颗取芯深度)＝2 541.2＋4.6－2 537.4＝8.4 m

第二次上提值＝(第一颗取芯深度)－(第二颗取芯深度)－(炮间距)＝2 537.4－2 535.8－0.05＝1.55 m

(5)监控跟踪尖峰是否正确：井壁取芯时，一边上提电缆，一边测曲线，若实测曲线与被跟踪曲线形态、深度一致时可进行取芯，否则，应重新调整，待曲线形态、深度一致时再取芯。

(6)取芯器提出井口后，立即检查发射率，计算收获率，并检查符合率。

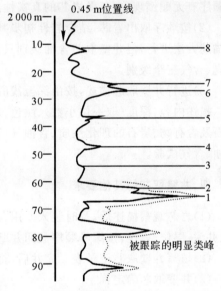

图 1.4.3　取芯深度位置以特征峰的井深为准

任务三　井壁取芯出筒、整理、描述

一、井壁取芯出筒

(1)取芯器从井口提出后，平放在钻台大门坡道前的支架上，每卸出一个取芯筒，立即按取芯深度装入相应编号的塑料袋内，如果是空筒，相应编号的袋子应空着，然后拿到地质值班房。

(2)左手握住取芯筒上部，右手握住弹头，逆时针方向旋转，将岩芯筒卸开，若拧不动，可用管钳或台钳卸开。

(3)用通芯杆和榔头捅出岩芯，用小刀刮去泥饼并擦净，逐个放在纸上，同时标上岩芯编号。在与炮队校对深度无误后，进行岩芯粗描，并进行荧光湿照。对有油气显示的岩芯做好标记,进行含油、含水试验,并记录分析结果。

(4)初步判断岩性,检查岩芯的真实性是否与预计的岩性相符。

(5)对于假岩芯、空筒、岩性与预计不符的,应写明井深、颗数,通知炮队,准备重取。

二、井壁取芯整理

(1)将岩芯装在专用的玻璃瓶中,按由深至浅的顺序重新编号,排列在井壁取芯盒内。

(2)将写有编号、深度、岩性、含油级别的岩芯标签装入相应的岩芯瓶中(对于含油气岩芯还需用玻璃纸包好并封蜡)。

(3)填写岩芯描述清单,附在井壁取芯盒内,并在井壁取芯盒顶面贴上井号。

三、井壁取芯描述

(1)检查岩芯,打开井壁取芯盒,检查井壁取芯的编号、深度及排列顺序是否正确,岩芯排列顺序有无颠倒现象,各颗岩芯的真实性,有无泥饼等假岩芯。

(2)按顺序取出岩芯,结合岩性初步判断记录,逐颗进行描述。岩芯描述借鉴岩芯描述、岩屑描述方法进行,但井壁取芯含油级别只定含油(与含油岩屑对比油浸级别以上均定为含油)、荧光、含气三个级别。

(3)进行井壁取芯描述,按由深至浅的顺序进行。

描述内容:深度(取一位小数)、颜色、岩石成分、结构、构造、胶结物及胶结程度、分选情况、化石及含有物、岩石的理化性质、含油气情况及荧光检测情况,对于必要的井壁取芯样还要做含油、含气试验。

四、井壁取芯的其他要求

(1)岩芯观察描述后,及时装入专用容器中,盖好盖,并附上标签。标签上应注明:井号、序号、井深、层位、岩性,按编号顺序放回井壁取芯盒。

(2)填写井壁取芯记录表。完井后,将该表和岩芯实物一并交岩芯库保存。

(3)井壁取芯确定:

1)确定井壁取芯位置和颗数时,要确保满足地质上的要求。

2)为了解地层含油气情况而取芯时,要优先考虑油层部位,重点层以"两颗保一颗"的方法确定取芯位置。

3)为证实油层井段而取芯时,要把井壁取芯位置定在录井和测井显示最好的部位。

4)储集层厚度小于3 m时,定1~2颗岩芯;储集层厚度大于3 m时,每层上、中、下部均需定出井壁取芯颗数。特殊岩性层,每层定2颗岩芯。

5)为了解油层的储油特性,在地质设计已规定每米取多少颗芯时,要按规定使取芯颗数均匀分布,定出井壁取芯位置。

6)井壁取芯通知单填好后,要与跟踪图核对。

7)取芯深度误差不大于5 cm,收获率、符合率均不低于70%。

8)取芯筒内径小于或等于2 cm时,岩芯直径及长度均不得小于1 cm;取芯筒内径大于2 cm时,岩芯直径不小于1 cm,长度不小于2 cm。

9)同一深度的硬地层,取芯筒打坏三次时,可不再重取。

(4)出芯整理,岩性描述:

1)接芯、捅芯及描述岩芯时,不得搞错岩芯编号。捅芯时的岩芯编号、深度应与炮队的深度相一致,不得错乱。

2)井壁取芯结束,经地质技术员签字后,炮队方可离开现场。

3)每颗岩芯的质量要满足描述、分析、化验用量。岩芯长度小于 1 cm 时应重取,取出的岩芯与电性不符时应重取,空筒或假岩芯也应重取。

4)岩芯不许与外界油水接触,以防污染。岩芯出筒后应及时进行荧光分析,防止油气挥发造成定名不准。细描时应结合岩芯出筒粗描观察进行综合分析。

5)定含油级别时,应考虑钻井液浸泡以及混油、泡油污染的影响。

6)如果一颗岩芯有两种岩性时,都要描述。定名时可参考电测曲线所反映的岩电关系来确定。

7)如果一颗岩芯有三种以上岩性时,可参考电测曲线以一种岩性定名,另外两种以夹层或条带处理。

8)在注水开发区或油水边界进行井壁取芯时,应注意观察含水情况,并做含油试验。

9)对可疑气层进行井壁取芯时,应及时嗅味,并做含气、含油试验。

10)在观察和描述白云岩岩芯时,由于岩芯筒的冲撞作用易使白云岩破碎,与盐酸作用起泡较强烈,这种情况下应注意与灰岩的区别。

11)描述完一颗岩芯,应将标签填写清楚,一同放入井壁取芯瓶内,有字的一面应贴近井壁取芯瓶,以便观察。

习题与思考题

1. 井壁取芯作业要求有哪些?

2. 如何确定进行井壁取芯?

3. 井壁取芯位置如何确定?

4. 简述跟踪监控井壁取芯过程。

项目五　常用荧光录井

石油是碳氢化合物,除含烷烃外,还含有 π 电子结构的芳香烃化合物及其衍生物。芳香烃化合物及其衍生物在紫外光的激发下,能够发射荧光。同种原油由于成分相同,被激发的荧光波长相同,表现为颜色相同。在一定的浓度范围内,当浓度增加时,由于被激发物质的含量同步增加,被激发后表现为荧光亮度成比例线性增强。不同地区的原油,虽然配制溶液的浓度相同,但所含芳香烃化合物及其衍生物的数量不同,π 电子共轭度和分子平面度也有差别,故在356 nm 近紫外灯的激发下,被激发的荧光强度和波长是不同的。这种特性称为石油的荧光性。石油荧光性非常灵敏,只要在溶剂中含有十万分之一的石油(沥青质)就可发出荧光。

荧光录井仪根据石油的这种特性将现场采集的岩屑浸泡后,进行砂样中含油量的测定。根据激发后发出的颜色和强度来检测原油强度和含量即为荧光录井过程(见图 1.5.1)。

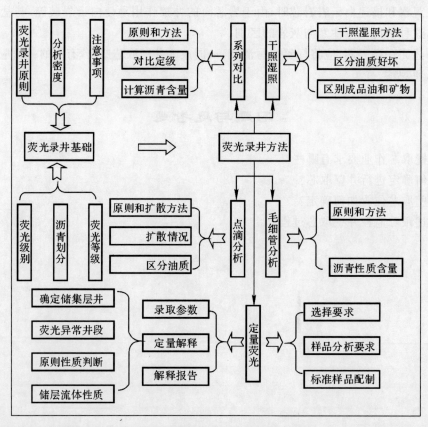

图 1.5.1　荧光录井流程

任务一　常规荧光录井基础

一、常规荧光录井的原则、要求、作用

1. 荧光灯的基本结构

荧光灯由产生紫外光的灯管、电源插头及开关、灯管启辉器和暗室四部分组成。灯管外壳是深紫色的伍德氏玻璃管,可把绝大部分可见光滤去,而能通过的紫外光波长一般为365 nm。现场使用的荧光灯,有手提式、悬吊式和暗箱式三种。

2. 荧光录井的原则

岩屑、岩芯(钻井取芯和井壁取芯)都要进行荧光测定。

3. 荧光录井密度要求与操作要领

按录井间距,所录取的岩屑要逐包及时进行湿照、干照和滴照,储层逐包进行系列对比分析,并保存滤纸。岩芯要及时全部进行湿照、干照和滴照,储层按产状进行系列对比分析,并保存滤纸。井壁取芯样品逐颗进行湿照、干照和滴照,储层逐颗进行系列对比分析,并保存滤纸(含油试验所用的滤纸保存一口井,完井后销毁)。

4. 荧光录井的作用

荧光录井鉴别原油最方便易行,其发光亮度可测定原油含量,发光颜色可测定原油性质,是定性与定量解释油气层不可缺少的资料。其作用如下:

(1)灵敏度高,对肉眼难以鉴别的油气显示,尤其是轻质油,能够及时发现。

(2)可以区分油质的好坏和油气显示的程度。正确评价油气层。

(3)在新区新层系以及特殊岩性段,可以配合其他录井手段准确解释油气显示层,弥补测井解释的不足。

(4)测试成本低,方法简便易行,可系统照射,对落实全井油气显示极为重要。

常规荧光录井方法有湿照、干照、点滴分析和系列对比。

任务二　湿照和干照

这是现场使用最广泛的一种方法。它的优点是简单易行,对样品无特殊要求,且能系统照射,对发现油气显示是一种极为重要的手段。为了及时、有效地发现油气显示,尤其对轻质油,各油田采取了逐包系统湿照和干照相结合的方法,使油气层发现率有了很大的提高。干照仅作为湿照的一种补充手段。对于湿照发现的荧光显示,要挑出样品认真检查,排除假显示。

一、真假荧光的判断

根据岩屑特征区别地层与掉块的真假荧光显示见表1.5.1。

表 1.5.1 真假荧光显示

假显示	真显示
岩性与钻时不吻合，杂乱，大小不一，岩样磨蚀严重，不新鲜；含量变化无规律；含油层位与区域及邻井的油气水规律不一致，与其他资料相互矛盾	含油岩性与钻时吻合，岩性新鲜，岩性及层位与区域及邻井规律相符，荧光岩屑含量逐渐增多

根据含油产状判断真假荧光显示见表 1.5.2。

表 1.5.2 含油产状判断真假荧光显示

显示部位	假显示	真显示
岩样	由表及里浸染，岩样内部不发光	表面一致，或核心颜色深，由里及表颜色变浅
裂缝	仅岩样裂缝边缘发光，边缘和内部浸染	自裂缝中心向基质浸染，缝内较重，向基质逐渐变轻
基质	晶隙发光	晶隙发荧光，当饱和时可呈均匀弥漫状
荧光颜色	与本井混入原油一致	与本井混入原油不一致

据荧光颜色判别原油、成品油显示见表 1.5.3。

表 1.5.3 原油、成品油荧光显示

油品名称	原油	成品油					
		柴油	机油	黄油	丝扣油	红铅油	绿铅油
荧光颜色	黄、棕、褐等色	亮紫色、乳紫带蓝、紫蓝色	蓝、天蓝色、乳蓝色	亮乳蓝色	蓝、暗乳蓝色	红色	浅绿色

二、湿照、干照方法和步骤

1. 荧光灯检查

安插座，埋地线，接荧光灯的电源线，保证操作安全。

检查荧光灯电源是否连接好，开启荧光灯开关，检查荧光灯是否完好。

2. 做空白试验

(1)把滴照用的滤纸放在荧光灯下观察，要求无荧光显示，再在滤纸上滴上氯仿并在荧光灯下照射，要求无荧光显示，方可使用。

(2)将荧光分析用的试管，注入 10～20 mL 氯仿，放荧光灯下观察，无荧光显示为洁净。方可使用。

3. 湿照、干照方法和步骤

(1)湿照时将录取的岩屑、岩芯或井壁取芯样洗净，控干水分，装入砂样盘；干照时将晒好的砂样装入砂样盘，将装有岩样的盘置于荧光灯的暗箱中，启动荧光灯。

（2）观察荧光的颜色和亮度，根据显示情况按标准进行定性分级。

（3）排除假显示后再作分析。

若本井在钻井过程中混入原油，应排除原油污染造成的假显示。

在自然光下观察分析岩样，排除上部地层掉块造成的假显示。

观察岩样的荧光结构，若仅为砾石或砂屑颗粒见荧光，而胶结物无显示。则为早期油层遭受破坏的再沉积或早期储层被后期充填的胶结物充填而形成的"假"显示。

（4）用镊子挑出有荧光显示的颗粒或用红笔标出岩芯有显示的部位。目估荧光岩屑的百分含量（体积分数）。

（5）逐项填写荧光记录。

任务三　滴　　照

滴照是在湿照、干照的基础上，挑出有显示的岩屑样品，进一步检查其含油情况的一种定性和半定量的分析方法。根据发光的颜色可确定石油沥青的性质，根据发光的形状、亮度和均匀性，可确定石油沥青的含量（半定量）。

一、点滴分析方法步骤

干湿照发现荧光以上级别的含油岩屑、岩芯以及主要目的层段储层必须进行点滴分析。

把岩样1粒或数粒放置在洁净的滤纸上，用氯仿清洗过的镊子柄碾碎。悬空滤纸，在碾碎的岩样上滴1～2滴氯仿，待溶剂挥发后，在荧光灯下观察滤纸上荧光的颜色和亮度及扩散形状，若滤纸上无显示，则为矿物发光。

分析时氯仿或四氯化碳滴入量应使全部岩样浸湿，并用滤纸衬垫，待干后再进行紫外光照射观察。

二、点滴分析资料应用

石油沥青性质判别见表 1.5.4。

表 1.5.4　石油沥青性质判别

轻质油荧光	稠油荧光
轻质油含胶质、沥青质不超过 5%，油质含量达 95%以上，其荧光的颜色主要显示油质的特征，通常呈浅蓝、黄金、黄棕色等	稠油含胶质、沥青质可达 20%～30%，甚至高达 50%，其荧光颜色主要显示胶质、沥青质的特征，通常为颜色较深的棕褐、褐、黑褐色

三、点滴分析资料应用

（1）含油岩样经氯仿将油脂溶解后，滤纸上有各种形状和各种颜色的斑痕。

油质好的荧光色线明亮，多为亮黄、橙黄及浅黄色。

油质差的荧光颜色深而晕暗，多为褐色及黑褐色。

（2）不含油岩样中的矿物。在荧光灯下也有矿物荧光出现，但滴氯仿后无变化。常见的发光矿物中,石英发灰白色荧光,石膏发亮蓝色荧光,方解石发乳白色荧光。

(3)滴照荧光级别划分见表1.5.5。

表 1.5.5 滴照荧光级别划分

滴照级别	一级	二级	三级	四级	五级
荧光特征	模糊晕状,边缘无亮环	清晰晕状,边缘有光环	明亮,呈星点状分布	明亮,呈开花、放射状	均匀明亮或呈溪流状

任务四 系列对比(浸泡定级)、毛细管分析

一、系列对比原则

干湿照发现荧光以上级别的含油岩屑、岩芯以及主要目的层段储层必须进行荧光系列对比,厚度大于5 m的储层应按上中下分段进行对比定级。

二、系列对比方法步骤

取1 g磨碎的岩样(轻质油或天然气应取2 g),放入洗净带磨口的玻璃试管中,倒入5 mL合格的有机溶剂(氯仿或四氯化碳),将试管封口或用适量水封堵,摇动数分钟,贴好标签,静置8～10 h(最多不超过24 h)后与标准系列(标准系列应为本区块同层位之样品,且使用期不超过半年)对比。

将样品溶剂与标准系列放入荧光灯内观察,找到最接近样品的标准试管,该标准溶液的荧光级别即为试样的荧光级别。

根据荧光系列对比结果计算样品的沥青含量(质量分数)。

标准系列石油沥青含量见表1.5.6。

表 1.5.6 标准系列石油沥青含量

荧光级别	1级	2级	3级	4级	5级
沥青含量/(g·mL^{-1})	6.1×10^{-7}	1.2×10^{-6}	2.5×10^{-6}	5.0×10^{-6}	1.0×10^{-5}
荧光级别	6级	7级	8级	9级	10级
沥青含量/(g·mL^{-1})	2.0×10^{-5}	4.0×10^{-5}	8.0×10^{-5}	1.6×10^{-4}	3.1×10^{-4}
荧光级别	11级	12级	13级	14级	15级
沥青含量/(g·mL^{-1})	6.2×10^{-4}	1.12×10^{-3}	2.5×10^{-3}	5.0×10^{-3}	1.0×10^{-2}

系列对比中,只有在溶液中的沥青浓度非常小的情况下,发光强度与沥青的含量浓度成正比,当浓度达到一定极限时,会出现消光现象,观察对比时一定要特别注意。

三、毛细管分析

将系列对比后的5 mL溶液,也可另行配置,倒入直径为15 mm,长160 mm试管中,插入

长 200 mm,宽 7 mm 滤纸条,将其下端置入溶液,上端悬空固定,等试剂挥发完后,取出滤纸条,编号入册,记下岩性、井深、地层年代,放在阴暗处,待与标准毛细管吸取物对比,在荧光灯下观察滤纸条发光颜色、强度、发光特点及宽度等,以确定沥青性质及含量。

任务五　常规荧光录井资料录取

(1)小班对当班录取的岩屑要逐包系统湿照,记录油气显示岩屑的井深、岩性、荧光岩屑含量、显示特征、含油级别。

(2)专职人员系统检查岩屑及岩芯荧光。对电测可疑段及区域油气层要进行复照。

(3)荧光观察要特别注意新鲜面的发光特点。一旦发现荧光,要向上追踪顶界,判断含量面积、颜色强度及产状。

(4)碳酸盐岩要特别注意缝、洞壁荧光显示和次生矿物发光如方解石、石膏等,并准确记录。

(5)储集层岩屑占岩屑的百分比及含油显示岩屑占定名岩屑的百分比应计算准确,量少时以颗粒计数。

(6)岩样湿照、干照、滴照的荧光颜色及浸泡后溶液的荧光颜色、浸泡加热溶液的荧光颜色亮度均应细致观察,准确记录。

(7)系列对比级别及其他有关荧光检查资料应收集齐全、准确。

(8)深度、岩性、含油气级别、物性、电性资料要齐全、配套、对口。

习题与思考题

1. 简述湿照和干照的方法和步骤。
2. 简述滴照的方法和步骤。
3. 系列对比方法步骤有哪些?
4. 毛细管分析如何确定沥青性质及含量?

项目六　定量荧光录井

人的眼睛通常看到的光(波长 380～780 nm)称为可见光;波长<380 nm 的光称为紫外光(紫外线);波长>780 nm 的光称为红外光(红外线)。紫外线分三个区,315～380 nm 近紫外线;280～315 nm 中紫外线;200～280 nm 远紫外线。红外线按波长分为三部分,即近红外线,波长为 0.75～1.50 μm 之间;中红外线,波长为 1.50～6.0 μm 之间;远红外线,波长为 6.0～1 000 μm 之间。

定量荧光录井就是在石油钻探过程中利用荧光录井仪定量检测岩样中所含石油的荧光强度,利用邻井相同层位的油所做的标准工作曲线计算出相当的石油含量,根据石油含量的多少和油质情况来判断地层含油情况的方法。依据所用荧光录井仪的类型和方法不同,在有些情况下,定量荧光录井技术还可以粗略地给出地层中反映油质轻重的油性指数及含油饱和度等。

一、定量荧光录井仪类型

目前所使用的荧光录井仪主要有三种类型,它们是单一波长型、二维型和三维型。

1. 单一波长型

单一波长型是指仪器内只安装有一个单一波长的激发滤光片和一个单一波长的发射滤光片,因此它只能在单一指定波长处(例如 320 nm)测定样品的荧光强度,它的特点是仪器简单,但能够提供的数据信息量极其有限。

2. 二维型

一般是在仪器内安装有一个单一波长的激发滤光片和一个连续的接收光栅,它可以给出以波长为横轴、以荧光强度为纵轴的二维荧光图谱,也能给出定波长下的荧光强度,它的特点如下:

(1)能够检测从凝析油气到重质油的各种油类;

(2)能够直观地反映原油的油质特点;

(3)能够有效地辨别天然原油和钻井液添加剂的荧光干扰;

(4)能够在钻井现场的环境中使用。

3. 三维型

三维定量荧光是通过仪器用不同的激发光波长(Ex)对荧光物质进行激发扫描,用不同的发射光波长(Em)对其进行接收扫描,根据其表现出不同的荧光强度(Int)对荧光物质进行扫描测定。Ex,Em,Int 即是三维定量荧光研究的三个基本要素(构成三维)。

三维定量荧光测定描述出来的是荧光物质整个发光范围的"山丘"状三维立体图形,是对荧光物质发光全貌的描述。当荧光强度 Int 最大时(峰顶)即 $Int=Int_{max}$ 时激发光波长为最佳 $Ex=Ex_{Best}$,此时的发射光波长为最 $Em=Em_{Best}$。

4.常规荧光录井的局限性

(1)常规荧光灯是用波长 365 nm 的紫外光照射石油,不能充分激发轻质油的荧光。

(2)用肉眼观察只能看到可见光,而轻质油、煤成油、凝析油发出的荧光多为波长小于 400 nm的不可见光,因此常规荧光录井容易漏掉轻质油、煤成油和凝析油显示层。

(3)常规荧光录井用氯仿或四氯化碳浸泡进行系列对比,而氯仿对人体健康有害,四氯化碳对荧光有猝灭作用,降低检测灵敏度。

(4)常规荧光录井不能消除钻井液中荧光类有机添加剂的荧光干扰,在特殊施工井中影响地质资料的准确录取。

二、定量荧光样品分析要求

1.选样要求

(1)岩屑样品。

1)按地质设计要求的井段、间距录取,无漏取岩样。

2)选取具有代表性的岩样,且未经烘烤、晾晒的储集层岩样(若岩屑样品代表性差,选取混合样进行荧光分析)。

3)样品必须用清水漂洗 2~3 次,以去掉部分钻井液及其添加剂的污染。

4)样品分析前用滤纸尽快吸干岩样表面水分。

5)样品称量要准确,固态样品取 1.0 g,液态样品取 1.0 mL,用 5.0 mL 试剂浸泡。

6)发现油气显示和有疑问的数据必须加密取样分析。

7)由于钻速太快来不及分析的样品,必须尽快选样,准确称取并放入试管中密封保存。

(2)钻井取芯样品。选取岩芯中心部位,在岩芯显示段处 0.20 m 分析一次,无显示储集层段 0.30 m 分析一次,钻井地质设计有特殊要求时,执行钻井地质设计。

(3)井壁取芯样品。对储集层井壁取芯选取中心部位进行逐颗分析。

(4)钻井液样品。

1)对每次钻井液调整处理循环均匀后选取钻井液样品进行分析。

2)在气测异常段和槽面有油气显示井段选取钻井液样品进行分析。

2.样品分析要求

(1)按相关仪器要求对样品浸泡液进行荧光分析。

(2)样品浸泡时间要严格控制为 15 min。

1)如果岩样浸泡液清澈透明,且没有颜色,可直接进行荧光测定。

2)如果岩样浸泡液有颜色,则应该用正己烷适当稀释后再进行荧光测定。

3)样品在样品室内不允许长时间照射。

4)样品分析结束必须保存图谱并进行扣背景处理。

5)每次样品分析结束必须检查分析结果,如果有异常要立即查明原因,发现油气显示及时上报。

6)按所分析样品的数据填写定量荧光分析记录。

三、录取参数

1.分析参数

F——岩石荧光强度；C——被测样品荧光原油浓度（相当含油量），mg/L；C^1——被测样品稀释后的荧光原油浓度（相当含油量），mg/L；λ：波长，nm；n：荧光对比级别。

原油浓度 C 与荧光对比级之间的关系可用公式得到，也可以通过查表的办法得到。转换公式为

$$n = 15 - (4 - \lg C)/0.301$$

式中，$C = C^1 \times N$；

N——稀释倍数。

原油浓度与荧光对比级关系数据见表 1.6.1。

表 1.6.1　原油浓度与荧光对比级关系数据

原油浓度 $C/(\mathrm{mg \cdot L^{-1}})$	10 000	5 000	2 500	1 250	625	312.5	156.3	78.1
荧光对比级 n	15	14	13	12	11	10	9	8
原油浓度 $C/(\mathrm{mg \cdot L^{-1}})$	39	19.5	9.8	4.9	2.4	1.2	0.6	
荧光对比级 n	7	6	5	4	3	2	1	

2.计算派生参数

(1)油性指数 R：即能够指示油质轻重的参数。不同的储层中原油的油质不同，由于油质成熟度的差异，轻质油中不饱和烃的含量低于重、中质油中的含量，而石油中所含的烃类并不都具有荧光反应，饱和烃不发光，只有不饱和烃（在原油中主要是芳香烃）在紫外光的照射下发荧光。因此寻找能代表原油油质轻重的参数具有重要意义。

用一次分析结果求取油性指数 R 的公式如下：

$$R = \mathrm{INT}_1/\mathrm{INT}_2$$

式中，R——油性指数或一次分析指数；

INT_1——中质峰荧光强度；

INT_2——轻质峰荧光强度。

(2)二次分析指数的确定。二次分析指数 I_c：即储层中相对可动油的相对多少。

确定方法：分析时首先挑选颗粒岩样进行浸泡，浸泡到规定时间后将浸泡液进行定量荧光分析，求出可动油浓度 C_1；然后将颗粒样粉碎，再重新浸泡到一定的时间，求出残余油浓度 C_2，二者相加即得总浓度 C，从而求出二次分析孔渗性指数 I_c。这样既减少了直接粉碎样品所造成的油气损失，又可以充分保证油气快速充分地溶解在分析溶剂正已烷中，特别适合于易挥发的轻质油、凝析油储层。通过二次分析指数 I_c，可以初步判断储层的孔渗性好坏及计算储层中可动油的多少，这样可以解决储层中由于不可动油造成的含油浓度与储层产出能力不相匹配的问题。

1)计算含油浓度 C。

①按照本井工作曲线方程和一次分析、二次分析结果，分别求取一次分析含油深度 C_1 和二次分析含油深度 C_2。

②将 C_1 和 C_2 进行相加求取含油浓度 C，即

$$C=C_1+C_2$$

2)计算二次分析指数 I_c。

$$I_c=C_1/C$$

四、定量荧光资料应用

1. 识别真假油气显示

(1)分析原理。利用差谱技术进行分析。在同一条件下，原始谱图曲线数值扣减掉背景谱图曲线数值，可将钻井液添加剂(或混入的成品油)的荧光影响去除。

在对正式样品仪器自动测量完毕后，按操作程序对原始谱图进行背景值扣除，即可得到样品的真实显示值，如图 1.6.1 所示。

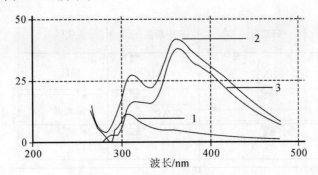

图 1.6.1　样品的真实显示值

1—钻井液背景曲线；2—样品未扣背景曲线；3—样品已扣背景曲线

(2)作背景谱图曲线的要求。

1)对欲使用的钻井液添加剂在入井之前应进行取样分析，建立各种钻井液添加剂的特征图谱。

2)每 100 m 选取储集层样品分析一次，作为储层钻井液影响的背景曲线。起下钻或钻井液性能发生变化后也要作钻井液背景曲线，以备正式样品分析时扣除。

3)用作背景曲线的样品，应分别稀释为 5 倍、10 倍、20 倍、50 倍、100 倍等不同浓度，并分别进行分析。

2. 油气层解释

(1)确定储集层井段。根据钻时、岩屑、岩芯、气测等录井资料确定储集层井段。

1)钻时录井：正常钻进时，钻时相对明显降低的井段。

2)岩屑、岩芯录井：碎屑岩层、碳酸盐岩层、特殊岩性层。

3)气测录井：全烃、组分值高于基值 2 倍以上的异常井段。

(2)确定荧光异常井段。根据扫描岩样的荧光图谱得到的荧光波长、荧光峰值、相当油含量、仪器标定波长处的荧光级别等数据，确定荧光异常井段。

1)将荧光峰值、相当油含量、仪器标定波长处的荧光级别为相应背景值 2 倍以上的储层作为荧光异常井段。

2)在仪器标定波长范围以外，出现新的荧光峰值的储层，也应作为荧光异常井段。

(3)原油性质的判别。原油族组分由饱和烃、芳烃、沥青质和非烃四部分组成,原油族组分中以芳烃为主的组分具有在紫外光下能发荧光的特点,且不同类型的原油其荧光图谱特征不同。根据荧光主峰波长的差异可判断原油性质。还可根据油性指数判断原油性质,油性指数指的是波长340~370 nm处的荧光强度与波长在310~340 nm处的荧光强度的比值。根据荧光主峰波长的差异和油性指数判断原油性质的标准见表1.6.2。

表 1.6.2 原油性质的标准

原油性质	轻质油	中质油	重质油
荧光波长/nm	310~340	340~370	370~400
油性指数	<1.5	1.5~3.0	>3.0

波长——当油含量划分油水层图版如图1.6.2所示。

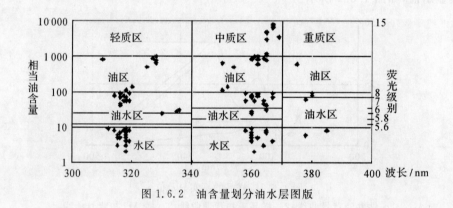

图 1.6.2 油含量划分油水层图版

注:此"波长——当油含量划分油水层图版"不同油田因烃组分差异判别标准不同。

五、解释报告

1.前言

主要叙述所钻井的地理位置、构造位置、井别、钻探目的、设计井深;实际完钻井深、完钻层位,定量荧光录井小队现场施工简况及工作量统计。

2.工程简况

简要概述所钻探井的实际开、完钻日期,井身结构及对定量荧光分析录井影响较大的钻井工艺和钻井液体系。

3.定量荧光分析解释成果

(1)定量荧光分析显示层综述。对采用定量荧光分析录井技术分析的井段所解释的各类油气显示层进行综述总结。

(2)定量荧光分析储层含油性分析及评价。逐层对定量荧光分析解释的含油层岩性、分析样品的数量及类型、荧光波长、相当油含量、对比级、油性指数、储层含油的原油性质及最终解释结论进行叙述。

4.结论及建议

明确油气层性质及原油性质和划分油气水层结果,进而对储层开发提出合理化建设。

习题与思考题

1.定量荧光样品分析的要求有哪些？

2.应用定量荧光如何识别真假油气显示？

3.应用定量荧光资料如何解释油气层？

4.说明定量荧光解释报告的内容。

项目七　钻井液录井

钻井液被称之为钻井的"血液",通常称之为泥浆。普通钻井液是由黏土、水和一些无机或有机化学处理剂搅拌而成的悬浮液和胶体溶液的混合物,其中黏土呈分散相,水是分散介质,组成固液分散体系。由于钻井液在钻遇油、气、水层和特殊岩性地层时,其性能将发生各种不同的变化。所以根据钻井液性能的变化及槽面显示,来推断井下是否钻遇油、气、水层和特殊岩性的录井方法称为钻井液录井。

黏土是钻井液中的主要固体成分,其颗粒大小多小于 2 mm。它是一种结晶体,多数呈片状。分散在水中的黏土颗粒之所以不互相黏结而聚沉,是因为黏土颗粒表面带有负电,由于同性相斥,产生静电斥力所致。只有当黏土颗粒之间的吸引力大于排斥力时,才会发生聚沉而失去钻井液的稳定性。

常用的黏土多为高岭石、蒙脱石和伊利石等,它们的化学组成主要是含水的铝硅酸盐。在黏土矿物的晶格中,由于内部离子的置换作用,如蒙脱石八面体中的 Al^{3+} 可被 Mg^{2+},Fe^{2+}(少量),Zn^{2+} 等阳离子置换,四面体中的 Si^{4+} 也可被 Al^{3+} 所置换,低价离子置换了高价离子,使黏土颗粒电荷不平衡而带负电。

任务一　钻井液基础知识

一、钻井液的功用

钻井液在钻井中起着多方面的作用。

(1)带动蜗轮,冷却钻头、钻具。

(2)清洗井底,携带岩屑,悬浮岩屑和加重剂,降低岩屑沉降速度,避免沉砂卡钻。

(3)平衡岩石侧压力,并在井壁形成泥饼,保持井壁稳定,防止地层坍塌。

(4)通过钻头水眼传递动力,冲击井底,帮助钻头破碎井底岩石,提高钻井速度。

(5)平衡地层中的流体(油、气、水)压力,防止井喷、井漏等井下复杂情况,保护油气层。

二、钻井液的类型及性能

钻井液类型主要分为水基和油基两大类。水基钻井液一般用黏土与水搅拌而成,是钻井中使用最广泛的一种钻井液。这种钻井液经特殊处理后,可解决复杂地层的钻进问题。油基钻井液以柴油(约占 90%)为分散剂,加入乳化剂、黏土等配制而成,这种钻井液失水量少,成本高,配制条件严格,一般很少使用,主要用于取芯分析原始含油饱和度。钻井液的基本类型和用途见表 1.7.1。

表 1.7.1　钻井液类型和用途

类型		配制	作用
水基钻井液	淡水	淡水如黏土,钙离子小于 50 mg/L	多用于钻浅井部位
	钙处理	以普通淡水钻井液为基础,加氯化钙或石灰或水泥等含钙物质及煤碱剂、单柠酸钙,CMC 等处理而成	控制失水、降低切力,防止钻井液受石膏污染,解决石膏层的钻进问题
	石膏处理	以普通淡水钻井液为基础,加褐煤、烧碱及石膏等处理而成	控制失水,用于钻进易坍塌层
	盐水	盐水加黏土,含盐量大于 1%	稳定性好,克服泥页岩水化膨胀坍塌,稳定井壁,适合于膏盐地区及深井
	混油	以淡水钻井液为基础,加入一定量的油质(通常是 10%~20%)混合而成	钻生产井,有时为解卡或提黏度、降切力、降失水等,也加入适当的油质
油基钻井液		以 90% 左右的柴油作溶液(也有用原油的),用乳化剂、黏土等混合而成	钻生产井、低压油气层,油基钻井液取芯
清水			适用于井浅、地层较硬、无严重垮塌、无阻卡、无漏失及先期完成井

钻井地质人员必须了解钻井液的基本性能及其测量方法,能在不同的地质条件下合理使用钻井液。尤其要熟悉怎样收集钻井液录井资料,正确判断地下油、气、水层。钻井液性能包括以下几方面:

1.相对密度

钻井液的相对密度指在标准条件下钻井液密度与 4℃纯水密度之比值,为无因次量。测量钻井液相对密度仪器是密度秤。相对密度越大,钻井液柱越高,对井底和井壁的压力越大。在保证平衡地层压力的前提下,要求钻井液相对密度尽可能低些。这样易于发现油气层,钻具转动时阻力较小,有利于快速钻进。一般钻井液相对密度在 1.05~1.25 之间。当钻入易垮塌的地层和钻开目的层以上的高压油、气、水层时,为防止地层垮塌及井喷,应加大钻井液相对密度;而钻进低压油、气、水层及漏失层时,应减小钻井液相对密度,使钻井液柱压力近于低压层压力,以免压差过大发生井漏。总之,调节钻井液相对密度,应做到对一般地层不塌不漏,对油、气层压而不死、活而不喷。

(1)密度计的基本结构及原理。钻井液密度计主要由钻井液杯、盖子、水平泡、游码、天平横梁、支架底座及调重管等组成,如图 1.7.1 所示。

(2)钻井液密度测定。

1)校正钻井液密度计。将钻井液杯注满 4℃纯水(或清水),盖上杯盖擦干,将秤杆刀口置于支架上,移动游码至刻度 1.00 处,若密度计不水平,可调节密度计尾端金属小球至水平状态。

2)取钻井液。用量杯在钻井液槽内或池内取正在流动的钻井液。

3)放好密度计的底座,使之保持水平,将钻井液倒入密度计容器内,盖上盖子,并缓慢拧动压紧,使多余的钻井液从杯盖的小孔中慢慢溢出,用大拇指压住盖孔,清洗杯身及横梁上的钻井液,并用棉纱擦净。

4)将密度杆刀口置于支架的刀垫上,移动游码,使秤杆呈水平状态,水平泡居中,在游码的左边边缘读出刻度数,即是所测钻井液的密度值。

5)记录测量数据及井深。

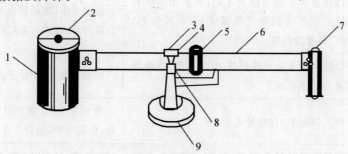

图 1.7.1 密度计结构
1—钻井液杯;2—盖子;3—水平泡;4—刀口;5—游码;
6—天平横梁;7—调重管;8—刀口架;9—支架底座

(3)密度过大的害处。损害油气层、降低钻井速度、产生过大的压力差,易造成压差卡钻、憋漏地层、引起过高的粘切、消耗钻井液材料及动力、污染能力下降。

(4)密度过低的害处。密度过低则容易发生井喷、井塌(尤其是负压钻井)、缩径(塑性地层,如较纯的黏土、盐岩层等)及携砂能力下降等。

(5)密度的调整。钻井中若钻遇水层、高压地层或低压油层,密度会发生变化,必须加以调整。

1)在对其他性能影响不大时,加水降低密度是最有效、最经济的方法。

2)加浓度小的处理剂,可降低密度且保持原有性能,但要考虑钻井液接受药剂的能力。

3)加优质钻井液也可降低钻井液性能,但降低幅度不大。

4)混油亦可降低密度,但不够经济,且影响地质录井。

5)充气亦可大大降低钻井液密度,如钻低压油层可用充气钻井液。

6)提高密度可加入各种加重材料,通常以加重晶石粉为主。

7)加重钻井液时不能过猛,应逐渐提高,每次以增加 0.10 g/cm^3 较适宜。

8)加重前对钻井液固相含量必须加以控制。所需密度越高,加重前的固相含量应越低,黏度切力应越小。

2. 钻井液黏度

钻井液黏度是钻井液流动时固体颗粒之间、固体颗粒与液体之间,以及液体分子之间的内摩擦的总反映。

钻井液黏度是指钻井液流动时的黏滞程度。一般用漏斗黏度计测定其大小。一般钻井液黏度在 $20 \sim 40 \text{ s}$ 之间。对于易造浆的地层黏度可以适当小一些;而易于垮塌及裂缝发育的地层,黏度则可适当提高。但不宜过高,否则易造成泥包钻头或卡钻,钻井液脱气困难,砂子不易下沉,影响钻速。因此,钻井液的黏度的高低要视具体情况而定。通常在保证携带岩屑的前提下,黏度低一些好。

漏斗黏度计的基本结构及测量方法：

结构：漏斗黏度计主要由漏斗、试管、量杯、盒子四部分组成，如图 1.7.2 所示。

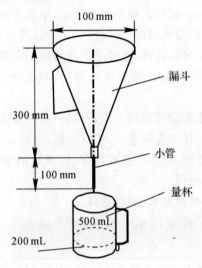

图 1.7.2　漏斗黏度计基本结构示意图

测量方法：

1）取钻井液。用容积为 1 000 mL 的量杯在钻井液槽或池内取流动的钻井液。

2）悬挂好漏斗黏度计，盖上滤网。

3）用左食指堵住漏斗黏度计管口，将 700 mL 钻井液注入漏斗内。

4）将量筒放在漏斗管口下面，放开左手指同时启动秒表，量筒流满（500 mL）后，立即关住秒表，同时左手食指迅速堵住管口，读出秒表上的数值。所得的时间数值就是被测钻井液的漏斗黏度。

5）记录测定的数据及井深。

3. 钻井液切力

钻井液中的黏土颗粒，由于形状不规则，表面带电性和亲水性不均匀，可形成网状结构，慢慢失去流动性，并且随时间的延长结构强度逐渐增大，破坏钻井液中的单位面积上网状结构所需要的最小切应力，称为钻井液的极限静切应力，简称切力，即钻井液静止后悬浮岩屑的能力称为钻井液的切力，单位为 mg/cm^2。切力用浮筒式切力仪测定。钻井液静止 1 min 后测得的切力称初切力，静止 10 min 测得的切力称为终切力。钻井液静切力越大，蚀变性能越好，悬浮岩屑能力越强，反之则越弱。钻井要求初切力越低越好，终切力适当即可。切力过大，钻井泵起动困难，砂子不易沉除，钻头易包泥，钻井液易气侵。而终切力过低，钻井液静止时岩屑在井内下沉，易发生卡钻等事故，对岩屑录井工作也会带来许多困难，使岩屑混杂，难以识别真假。

一般要求钻井液初切力为 $0\sim10$ mg/cm^2，终切力为 $5\sim20$ mg/cm^2。

4. 钻井液失水量和泥饼

（1）滤失量也叫失水量。在井眼内钻井液中的水分因受压差的作用而渗透到地层中去，这种现象叫滤失，滤失的多少叫滤失量。钻井液在井内静止条件下的滤失作用称为静滤失。钻井液在井内循环条件下,即泥饼形成和破坏达到动态平衡时的滤失作用称为动滤失。在一定剪切速率下测定的滤失量,称为动滤失量(动失水)。失水量多少以 30 min 内在 0.1 MPa 压力作用下,用渗过直径为 75 mm 圆形孔板的水量表示,单位为 mL。

(2)泥饼。由于钻井液液柱与地层的压差作用,驱使钻井液沿地层的孔隙、裂缝渗入地层,同时钻井液中的固相颗粒不断堵塞孔缝,在井壁周围形成一层堆积物,此堆积物叫泥饼。泥饼厚度以 mm 表示。测定泥饼厚度是在测定失水量后,取出失水仪内的筛板,在筛板上直接量取。

泥饼的厚度与钻井液的滤失量有密切关系,对同一钻井液而言,失水量小,泥饼薄而致密,有利于巩固井壁和保护油层。其滤失量愈大,泥饼愈厚,易造成缩径现象,起下钻遇阻遇卡,并且降低了井眼周围油层的渗透性,对油层造成损害,降低原油生产能力。对不同钻井液,其滤失量相同,但泥饼厚度不一定相同。

泥饼的作用是稳固井壁,控制失水,润滑钻具。

一般要求钻井液失水量不超过 10 mL,泥饼小于 2 mm。

5.钻井液含砂量

钻井液含砂量是指钻井液中直径大于 0.05 mm 的砂子所占钻井液体积的百分数。一般采用沉砂法测定含砂量。含砂量一般要求小于 2%。含砂量高易磨损钻头,损坏钻井泵的缸套和活塞,易造成沉砂卡钻,增大钻井液密度,影响泥饼质量,对固井质量也有影响。因此做好钻井液净化工作是十分重要的。

6.钻井液酸碱值(pH 值)

钻井液的 pH 值表示钻井液的酸碱性。即为钻井液中氢离子浓度的负对数。

pH=7 时表示钻井液为中性;pH<7 时为酸性;pH>7 时为碱性。

钻井液性能的变化与 pH 值有密切的关系。例如 pH 值偏低,将使钻井液水化性和分散性变差,切力、失水上升;pH 值偏高,会使黏土分散度增高,引起钻井液黏度上升;pH 值过高时,会使泥岩膨胀分散,造成掉块或井壁垮塌,且腐蚀钻具及设备。因此对钻井液的 pH 值应要求适当。

钻井液的 pH 值测定:

1)将 pH 试纸垂直插入钻井液或钻井液滤液中。

2)经数秒钟后,取出试纸与 pH 试纸的标准颜色对比,读出 pH 值即可。

3)记录测定的数据及井深。

7.钻井液含盐量

钻井液的含盐量是指钻井液中含氯化物的数量。通常以测量氯离子(Cl,简称氯根)的含量代表含盐量,单位为 mg/L。它是了解岩层及地层水性质的一个重要数据,在石油勘探及综合利用找矿等方面都有重要的意义。

8.钻井液中氯离子的测定

(1)原理。以铬酸钾为指示剂,用硝酸银测定氯离子(Cl^-),在氯离子(Cl^-)和银离子(Ag^+)全部化合后,过量的银离子与铬酸根离子(CrO_4^{-})反应,生成微红色的沉淀,即指示滴定终点,反应式如下:

$$Cl^- + Ag^+ \longrightarrow AgCl\downarrow(乳白色沉淀)$$

$$2Ag^+ + CrO_4^{-} \longrightarrow Ag_2CrO_4 \downarrow （微红色沉淀）$$

（2）试剂配制。

1）5％铬酸钾溶液：5 g 铬酸钾溶于 95 mL 蒸馏水中。

2）稀硝酸溶液或 NaHCO$_3$（碳酸氢钠）溶液。

3）0.02N 和 0.01N 硝酸银溶液。

4）pH 试纸。

（3）测定程序。

1）在钻井液出口处取钻井液样一小杯。

2）取钻井液滤液 1 mL 放入锥形瓶，加蒸馏水 20 mL 稀释。

3）用稀硝酸溶液或 NaHCO$_3$ 调整 pH 到 7 左右后，滴入 5％K$_2$CrO$_4$（铬酸钾）溶液指示剂。

4）再滴入浓度为 0.02N 和 0.01N 的 AgNO$_3$（硝酸银）溶液至呈微红色（指示滴定终点）为止，记下 AgNO$_3$ 溶液的用量（mL）。

（4）计算 Cl 离子含量

$$m_{Cl} = 35.5 \times 10^3 N \cdot V$$

式中，m_{Cl}——氯离子含量，mg/L；

　　N——AgNO$_3$ 浓度；

　　V——AgNO$_3$ 的用量，mL；

　　35.5——氯的相对原子质量。

任务二　钻井液性能测量要求和资料收集

1. 钻井液性能测量要求

按钻井地质设计进行钻井液性能测定，若设计中无明确规定，一般自开钻起进行测定，每 30 min 测钻井液密度、黏度一次，每班（8 h 或 12 h）测全套性能一次，钻遇油、气、水显示应加密测量。

2. 钻井液录井资料的收集

钻进时，钻井液不停地循环，当钻井液在井中与各种不同的岩层及油、气、水层接触时，钻井液的性质就会发生某些变化。根据钻井液性能变化情况，可以大致推断地层及含油、气、水情况。在油、气、水层被钻穿以后，若油、气、水层压力大于钻井液柱压力，在压力差作用下，油、气、水进入钻井液，随钻井液循环返出井口，并呈现不同的状态和特点，这就要求进行全面的钻井液录井资料收集。油、气、水显示资料，特别是油、气显示资料，是非常重要的地质资料。这些资料的收集有很强的时间性，如错过了时间就可能使收集的资料残缺不全，或者根本收集不到。

（1）钻井液显示分类。钻井液显示可分为以下 5 类：

1）油花气泡：油花或气泡占槽面 30％以下，全烃及色谱组分值上升，钻井液性能变化不明显；

2）油气侵：油花或气泡占槽面 30％～50％，全烃及色谱组分值高，钻井液性能变化明显；

3)井涌:钻井液涌出至转盘面以上,但不超过 1 m,油花或气泡的面积占槽池面的 50％以上,油气味浓;

4)井喷:钻井液喷出转盘面 1 m 以上,喷高超过二层平台称强烈井喷;

5)井漏:钻井液量明显减少。

(2)油气上窜速度。

1)油气上窜速度的概念。当油气层压力大于钻井液柱压力时,在压差的作用下,油气进入钻井液并向上流动的现象,即为油气上窜现象。单位时间内油气上窜的距离称为油气上窜速度。

2)油气上窜速度的意义。若油气上窜速度很快,说明钻井液密度过小,需适量加大,注意防喷;若油气上窜速度很慢或没有上窜现象,说明钻井液密度过大,要防止压死油层。

油气上窜速度是衡量井下油气层活跃程度的标志。油气上窜速度的大小反映油气层的能量的大小。应做到压而不死,活而不喷。

(3)资料录取内容。

1)钻井液性能资料,包括钻井液类型、测点井深、密度、黏度、失水量、泥饼、切力、pH 值、含砂量、氯离子含量、钻井液电阻率等。

2)钻井液荧光沥青含量资料,包括取样井深及荧光沥青百分含量等。

3)钻井液处理资料,包括收集处理药品名称、浓度、数量及处理时井深、时间和处理前后性能的变化情况。

4)钻井液显示基础资料。正常钻进中收集显示出现时间、井深、层位、显示类型(包括气测异常、钻井液油气侵、淡水侵、盐水侵、井涌、井喷、井漏等延续时间、高峰时间、消失时间等)。下钻要注意收集钻达井深、钻头位置、开泵时间、出现显示时间、延续时间、高峰时间、显示类型、消失时间、钻井液迟到时间。

5)观察试验资料。

①钻井液出口情况观察。要经常注意观察收集钻井液从井口流出量的变化及涌势,并注意声响。若发现异常现象,必须连续观察记录变化时间、井深、层位及变化情况等。还应通知工程人员做好防喷准备工作。

②钻井液槽面观察。一是要注意油、气、水侵,二是要注意钻井液中的油气芳香味及硫化氢味。并连续观察记录,显示不明显时要做荧光分析。

槽面显示资料包括油花颜色、占槽面百分比、分布状态(片状、条带状或星点状);气泡大小(用 mm 表示)、分布状况(包括密集或少量)等;油气味(分为浓、较深、淡、无四级);气样点燃试验(包括燃烧程度、火焰颜色、高度等);槽面上涨高度、水浸时钻井液流动状态;实测外溢量(包括测量起止时间、液量、折算出每小时外溢量)。

③钻井液池液面观察。在测量钻井液性能的同时要记录钻井液池液面数据,并经常注意池面变化。如有升降要连续观察记录升降起止时间、井深、层位、升降速度、有无油气水显示等。

④特别要注意井涌、井喷、井漏资料的收集。井涌或井喷高度及喷出物如油、气或水,夹带物如钻井液、砂泥、砾石、岩块等及其大小、间歇时间。

节流管放喷时要注意收集放喷管线尺寸或节流阀孔径、压力变化、射程、喷出物、放喷起止时间。井喷及放喷产量折算,包括井喷或放喷起止时间、油气水喷出总量、折算或油气水日产量。井喷处理措施,包括处理方法、压井时间、加重剂性质及用量、井喷前及压井后的钻井液密度。

发生井漏时,应记录好钻达井深、层位、起止时间、漏速、漏失量。还应记录好井漏处理措施。井漏处理措施包括处理方法、堵漏时间、处理剂性质及用量及井漏前、堵漏成功后的钻井液密度。并进行井漏、井喷原因分析。

⑤收集岩性及其他资料。及时观察岩屑,确定含油气岩屑的含油级别,并与地质预告对比,判断是否为新显示。

⑥记录钻时、气测、地化资料。钻遇油、气、水层时,应加密测量分析,及时与上部地层对比。气测在显示段应加测后效。

任务三　钻井液录井影响因素、要求及密度确定

一、钻井中影响钻井液性能的地质因素

钻遇不同岩层和油、气、水层,钻井液性能会发生较大的变化,至于如何根据钻井液性能的变化,判断油、气、水层和其他特殊岩层,详见表1.7.2。

由于影响钻井液变化的因素较多,情况也比较复杂,所以在钻穿各种地层时,钻井液性能的变化并不总是这么明显,要结合具体情况分析。

表 1.7.2　钻井液性钻遇地层变化

岩层性能	气层	油层	油水同层	盐水层	淡水层	漏层	黏土	石膏	盐岩	疏松砂岩
密度	剧减	减小	减小	增或减	稍减	稍增	增加		增加	稍增
黏度	剧增	增加	增加	增或减	减		增加	剧增	增加	稍增
失水量	稍减	剧减	稍减	剧增	剧增		减小	剧增	增加	
泥饼	稍减	稍减	稍减	稍减	增加			增加	增加	
切力	稍增	稍增	稍减	稍减	稍减		增加	剧增	增加	
含砂量		稍减	稍减	增加	稍增	稍增				
氯离子含量	增加	稍增	稍增	剧增	剧减				增加	
钻井液量变化	剧增	增加	增加			剧减				
电阻率	增加	增加	增加	减小	增加		减小	增加	减小	
温度	减小	减小	增或减	增加	增加					

二、钻井液录井的有关要求

任何类别的井,在钻进或循环过程中都必须进行钻井液录井;区域探井、预探井钻进时不得混油,包括机油、原油、柴油等。不得使用混油物,如磺化沥青等。若处理井下事故必须混油时,需经探区总地质师同意,事后必须除净油污方可钻进;对钻井液密度设计的一般要求是使

其钻井液的液柱压力略大于地层压力;必须用混油钻井液钻进时,一定要做混油色谱分析;钻开油气层后,再次下钻循环钻井液过程中出现油气显示时,必须进行后效气测;遇井涌、井喷应采取罐装样进行录井;因井漏未捞岩屑,待处理井漏或正常后钻井液体返出时,接原迟到时间捞取。这种样代表性差,应加以备注说明;井场严禁明火,做气样点燃时必须远离井场;钻井液处理情况,包括井深、处理剂名称、用量、处理前后性能等,都要分次详细记录在观察记录中。特别是对混油钻井液必须注明油品及混油量等。

三、区分钻井液中混入的油及空气

(1)成品油(成品油指机油、柴油等)一般多呈条带状,搅动易散不再结集。

(2)空气气泡较大,多连片集中,破碎后无油花,无异常气味,颜色发暗,破碎后无油花,无味,钻井液中空气气泡用手捞取不易破碎。

(3)做燃气试验:在钻井液槽面出现油花气泡时,可用一个气样瓶装入约 3/5 瓶体积的含气钻井液,用手堵住瓶口,再加入 1/5 的清水,摇晃并将瓶倒置。钻井液被水稀释后,气体就聚到瓶的上部,再倒转使瓶口向上,然后用火试燃,观察气体是否可燃及其燃烧情况,如是空气则点不着,若为气层气,燃烧的火焰为蓝色,若为油层气,火焰则为黄色。

(4)进行荧光分析:用一张干净的滤纸在槽面黏附油花、气泡、在荧光灯下观察显示情况,确定有无油气显示,区别真假。

(5)利用井壁取芯来判断:钻井液泡入原油后,地层受到污染,岩屑含油难辨真假,为此用井壁取芯证实,若所取出的岩芯含油不均匀,仅靠近井壁一端含油,另一端为白砂子,则为假显示。

四、钻井液密度确定

主要根据本井区已测定的地层压力数据,采用理论及经验法确定不同井深、层位的钻井液密度。

$$采用理论法计算:p=(p_1\times100)/H+B$$
$$采用经验公式计算:p=(p_1+15)/H\times10$$

式中,p——地层压力,MPa;

H——井深,m;

B——附加系数,一般取 0.1～0.2。

习题与思考题

1.钻井液的功用有哪些?

2.如何测定钻井液的密度?

3.说明钻井液黏度测定过程。

4.如何区分钻井液中混入的油及空气?

5.说明钻井液密度确定。

项目八　其他录井资料的收集

在钻进过程中除了收集上述录井资料外,还有一些在钻进过程中必须收集的资料,有的甚至是很重要的资料,因此也应做到齐全、准确。

一、地质观察记录的填写

地质观察记录是地质值班人员根据现场所观察到的现象,用文字按规定要求记录下来的工作成果,是重要的第一手原始资料。观察记录的填写是地质录井工作的一项重要内容,填写得好坏与否直接关系到地质资料的齐全、准确,甚至影响油气田的勘探开发。举例来说,如果油气显示资料记录不全、不准,就会影响资料的整理,影响试油层位的确定。因此有经验的现场地质人员都非常重视这项工作。

1. 探井地质观察记录填写的内容

(1)工程简况。按时间顺序简述钻井工程进展情况、技术措施和井下特殊现象,如钻进、起下钻、取芯、电测、下套管、固井、试压、检修设备及各种复杂情况(跳钻、憋钻、遇阻、遇卡、井喷、井漏等)。第一次开钻时,应记录补芯高度、开钻时间、钻具结构、钻头类型及尺寸、用清水开钻或钻井液开钻。

第二、三次开钻时,应记录开钻时间、钻头类型及尺寸、钻具结构、水泥塞深度及厚度、开钻钻井液性能。

(2)录井资料收集情况。录井资料收集情况是观察记录的主要内容之一,填写时应力求详尽、准确。一般应填写下列内容。

1)岩屑:取样井段、间距、包数,对主要的岩性、特殊岩性、标准层应进行简要描述。

2)钻井取芯:取芯井段、进尺、岩芯长、收获率、主要岩性、油砂长度。

3)井壁取芯:取芯层位、总颗数、发射率、收获率、岩性简述。

4)测井:测井时间、项目、井段、比例尺以及最大井斜和方位角。

5)工程测斜:测时井深、测点井深、斜度。

6)钻井液性能:相对密度、黏度、失水、泥饼、含砂、切力、pH 值。

(3)油、气、水显示。将当班发现的油、气、水显示按油、气、水显示资料应收集的内容逐项填写。

(4)其他。填写迟到时间实测情况,正使用的迟到时间,当班工作中遇到的问题和下班应注意的事项。

2. 生产井、注水井地质观察记录填写内容

生产井、注水井按简易观察记录格式逐项填写,不得空白任何一项。若个别项中内容较多,表格填不下,可另用纸写上,贴在观察记录之中。

二、在钻进过程中有关几种特殊情况的资料收集

在钻进过程中的特殊情况有钻遇油气显示、钻遇水层、中途测试、原钻机试油、井涌、井喷、

井漏、井塌、跳钻、憋钻、放空、遇阻、遇卡、卡钻、泡油、倒扣、套铣、断钻具、掉钻头（或掉牙轮或掉刮刀片）、打捞、井斜、打水泥、侧钻、卡电缆、卡取芯器以及井下落物等等。出现这些情况对钻井工程和地质工作有不同程度的影响。钻进中遇到这些情况时，收集好有关的资料，对于制定工程施工措施，搞好地质工作都有一定的意义。下面把常见的一些特殊情况下的资料收集作简要介绍。

1.钻遇油气显示

钻遇油气显示时应收集下列资料：

(1)观察泥浆槽液面变化情况。

1)记录槽面出现油花、气泡的时间，显示达到高峰的时间，显示明显减弱的时间。

2)观察槽面出现显示时油花、气泡的数量占槽面的百分比，显示达到高峰时占槽面的百分比，显示减弱时占槽面的百分比。

3)油气在槽面的产状、油的颜色、油花分布情况（呈条带状、片状、星点状及不规则形状）、气泡大小及分布特点等。

4)槽面有无上涨现象，上涨高度，有无油气芳香味或硫化氢味等。必要时应取样进行荧光分析和含气试验等。

(2)观察泥浆池液面的变化情况。应观察泥浆池面有无上升、下降现象，上升、下降的起止时间，上升、下降的速度和高度，池面有无油花、气泡及其产状。

(3)观察钻井液出口情况。油气侵严重时，特别是在钻穿高压油、气、水层后，要经常注意钻井液流出情况，是否时快时慢、忽大忽小，有无外涌现象。如有这些现象，应进行连续观察，并记录时间、井深、层位及变化特征。

(4)观察岩性特征，取全取准岩屑，定准含油级别和岩性。

(5)收集钻井液相对密度、黏度变化资料。

(6)收集气测数据变化资料。

(7)收集钻时数据变化资料。

(8)收集井深数据及地层层位资料。

2.钻遇水层

钻遇水层时应收集钻遇水层的时间、井深、层位；收集钻井液性能变化情况；收集泥浆槽和泥浆池显示情况；定时或定深取钻井液滤液做氯离子滴定，判断水层性质（淡水或盐水）。

3.中途测试

中途测试应收集的资料：

(1)基本数据。井号、测试井深、套管尺寸及下深、测试层井段、厚度、测试起止时间、测试层油气显示情况和测井解释情况（包括上、下邻层）、井径。

(2)测试资料。

1)非自喷测试资料。

a.测试管柱数据：测试器名称及测试方法、管柱规范及下深、记录仪下深、压力计下深、坐封位置、水垫高度。

b.测试数据：座封时间、开井时间、初流动时间、初关井时间、终流动时间、解封时间、初静压、初流动压力、初关井压力、终流动压力、终关井压力、终静压、地层温度。

c. 取样器取样数据：油、气、水量，高压物性资料。

d. 测试成果：回收总液量，折算油、气、水日产量，测试结论。

2）自喷测试资料。

a. 自喷测试地面资料：放喷起止时间，放喷管线内径或油嘴直径，管口射程，油压，套压，井口温度，油、气、水日产量，累计油、气、水产量。

b. 自喷测试井下资料：高压物性取样资料：饱和压力、原始油气比、地下原油黏度、地下原油密度、平均溶解系数、体积系数、压缩比、收缩率、气体密度。地层测压资料：流压、流温、静压、静温、地温梯度、压力恢复曲线。

（3）地面油、气、水样分析资料。

4. 原钻机试油

原钻机试油应收集的资料：

（1）基本数据。井号、完钻井深、油层套管尺寸及下深、套补距、阻流环位置、管内水泥塞顶深、钻井液密度、黏度、试油层位、井段、厚度、测井解释结果。

（2）通井资料。通井时间、通井规外径、通井深度。

（3）洗井资料。洗井管柱结构及下深、洗井时间、洗井方式、洗井液性质及用量、泵压、排量、返出液性质、返出总液量、漏失量。

（4）射孔资料。时间、层位、井段、厚度、枪型、孔数、孔密、发射率、压井液性质、射孔后油气显示、射孔前后井口压力等。

（5）测试资料。同中途测试应收集的测试资料。

5. 井涌、井喷

井内液体喷出转盘面 1 m 以上称为井喷，喷高不到 1 m 或钻井液出口处液量大于泥浆泵排量称为井涌。发生井涌、井喷时应收集下列资料：

（1）收集记录井涌、井喷的起、止时间及井深、层位、钻头位置。

（2）收集记录指重表悬重变化情况，泵压变化情况。

（3）收集记录喷、涌物性质、数量（单位时间的数量及总量）及喷、涌方式（连续或间歇喷、涌），喷出高度或涌势。

（4）收集记录井涌及井喷前、后的钻井液性能。

（5）观察收集放喷管线压力变化情况。

（6）记录压井时间、加重剂及用量，加重过程中钻井液性能的变化情况。

（7）取样做油、气、水试验。

（8）记录井喷原因分析及其他工程情况，如钻进、放空、循环钻井液、起下钻等工作。

6. 井漏

井漏时应收集下列资料：井漏起止时间、井深、层位、钻头位置；漏失钻井液量（单位时间漏失的钻井液量及漏失的总量）；漏失前后及漏失过程中钻井液性能及其变化；返出量及返出特点，返出物中有无油、气显示，必要时收集样品送化验室分析；堵漏时间，堵漏物名称及用量，堵漏前后井内液柱变化情况，堵漏时钻井液返出量；堵漏前后的钻井情况，以及泵压和排量的变化。此外，还应分析记录井漏原因及处理结果。

7. 井塌

井塌是指井壁坍塌,主要是由于地层被钻井液水浸泡后造成的垮塌。井塌容易堵塞井眼、埋死钻具、引起卡钻或因垮塌堵塞钻井液循环空间而造成憋泵,将地层憋漏。比较严重的井壁坍塌是有先兆的,或者在刚开始出现时就可以从一些现象间接观察到,如钻具转动不正常,泵压突然升高(憋漏时降低)、岩屑返出也不正常等。井塌时应分析井塌的原因,查明可能出现井塌的井深、岩性,以备讨论处理措施时参考,同时还应记录泵压、钻井液性能变化情况、处理措施及效果。

8. 跳钻、蹩钻

钻进中钻头钻遇硬地层时(如灰岩、白云岩或胶结致密的砾岩),常不易钻进,并且使钻具跳动。这种钻具跳动的现象就是跳钻。跳钻易损坏钻具,也容易造成井斜。在钻进中,因钻头接触面受力及反作用力不均匀,使钻头转动时产生蹩跳现象,这就是蹩钻。刮刀钻头钻遇硬地层或软硬间互的地层时常产生蹩钻现象。在跳钻或蹩钻时应记录井深、地层层位、岩性、转速、钻压及其变化、处理措施及效果。但须注意的是应把地层引起的跳钻、蹩钻现象与因钻头旷动、磨损、井内落物引起的跳钻、蹩钻现象区别开来。

9. 放空

当钻头钻遇溶洞或大裂缝时,钻具不需加压即可下放而有进尺,这种现象就叫放空。放空少者几寸,多者几米,以溶洞或裂缝的大小而定。遇到放空时要特别注意井漏或井喷发生。放空时应记录放空井段、钻具悬重、转速变化、钻井液性能及排量的变化,是否有油气显示等。如同时发生井漏、井喷,则应按井漏、井喷资料收集内容做好记录。

10. 遇阻、遇卡

由于井壁坍塌、泥饼黏滞系数大、缩径井段长、循环短路、井眼形成"狗腿子""键槽"等原因都可能引起遇阻、遇卡。有时钻井液悬浮力差,岩屑不能返出也可能引起遇阻、遇卡。遇阻、遇卡时应记录遇阻、遇卡井深、地层层位、遇阻时悬重减少数、遇卡时悬重增加数及原因分析、处理情况等。

11. 卡钻

由于种种原因使遇阻、遇卡进一步恶化,造成井中的钻具不能上提或下放而被卡死,这就是钻井工程中的卡钻。常见的卡钻有井壁黏附卡钻、键槽卡钻、砂桥卡钻或井下落物造成卡钻等。卡钻以后,地质人员应记录好卡钻时间、钻头所在位置、钻井液性能、钻具结构、长度、方入、钻具上提下放活动范围、钻具伸长和指重表格数的变化情况。同时应及时计算卡点,根据岩屑剖面或测井资料查明卡点层位、岩性,以便分析卡钻原因,采取合理解卡措施。卡点深度计算公式如下:

$$H = KLP$$
$$K = EF/10^5 = 21F$$

式中,H——卡点深度,m;

L——钻杆连续提升时平均伸长,cm;

P——钻杆连续提升时平均拉力,t;

K——计算系数;

E——钢材弹性系数（2.1×10^6 kg/cm^2）；

F——管体横截面积，cm^2。

卡钻事故发生后，一般都是上提、下放钻具或转动钻具，并循环钻井液，以便迅速解卡。如果这些方法无效或无法进行时，常采用下列方法解卡：

（1）泡油。泡油是较常用的一种解卡办法。由于泡油的结果，必然使钻井液大量混油，污染地层，造成一些假油、气显示现象。因此，在泡油时，地质人员应详尽记录好油的种类、数量、泡油井段、泡油方式（连续或分段进行）、泡油时间、替钻井液情况及处理过程并取样保存。这些资料数据的记录对于岩屑描述、井壁取芯描述和气测、测井资料的分析应用有相当重要的参考意义。泡油量计算方法如下

$$Q = V_1 + V_2 = 0.785(R-D)HK + 0.785d \times 2h$$

式中，Q——泡油量，m^3；

V_1——管外泡油量，m^3；

V_2——管内留油量，m^3；

R——井眼直径，m；

D——钻具外径，m；

H——管外所需油柱高度，m；

K——环形空间容积系数（一般为 $1.2 \sim 1.5$）；

h——管内油柱高度，m；

d——钻具内径，m。

一般情况下，应使卡点以下全部钻具泡上油，并使钻杆内的油面高于管外油面，即 $h > H$。泡油时，必须用专门配制的解卡剂，一般不用原油和柴油。还须注意的是，对于已经钻遇油、气、水层的井，特别是钻遇高压油、气、水层的井，泡油量不能无限度地加大。若泡油量太大，将使井筒内钻井液柱的压力小于地层压力，导致井涌、井喷等新情况的出现，不但不能解卡，反而会使事故恶化。在这种情况下，地质人员应提供较确切的油、气、水显示及地层压力资料，以备计算泡油量时参考。

（2）倒扣和套铣。当卡钻后泡油处理无效时，就要倒扣或套铣。倒扣时钻具的管理及计算是相当重要的，尤其是在正扣钻具与反扣钻具交替使用的情况下，更应做到认真、细致。否则，由于钻具不清或计算有误，都可能造成下井钻具的差错，影响事故的处理。因此，值班人员应详细了解、记录落井钻具结构、长度、方入、倒扣钻具以及落井钻具倒出情况。套铣时除记录钻具变化情况外，还应记录套铣筒尺寸、套铣进展情况等。

（3）井下爆炸。在井比较深，而且卡点位置也比较深的情况下，当采用其他解卡措施无效时，常被迫采用井下爆炸，以便迅速恢复钻进。井下爆炸时，应收集预定爆炸位置、井下遗留钻具长度以及实探爆炸位置、实际所余钻具长度。爆炸结束，打水泥塞侧钻时，还应收集有关的资料数据。

12. 断钻具、落物及打捞

（1）断钻具：钻具折断落入井内称为断钻具。可以从泵压下降、悬重降低判断出来。断钻具时应收集落井钻具结构、长度、钻头位置、鱼顶井深、原因分析及处理情况。

（2）落物：指井口工具、小型仪器落入井内。如掉入测斜仪、测井仪、榔头、掉牙轮、扳手或

电缆等。落物时应收集落物名称、长度、落入井深、处理方法及效果。

（3）打捞：在打捞落井钻具及其他落物时除收集落鱼长度、结构及鱼顶位置外，还应收集打捞工具名称、尺寸、长度，以及打捞时钻具结构、长度、打捞经过及效果。必须强调指出的是，在打捞落井钻具时，地质人员应准确计算鱼顶方入、造扣方入、造好扣时的方入，并在方钻杆上分别做好记号，以便配合打捞工作的顺利进行。

13.打水泥塞和侧钻

在预计井段用一定数量的水泥把原井眼固死，然后重新设计钻出新眼，就是打水泥塞和侧钻的过程。当井斜过大，超过质量标准或井下落入钻具和其他物件，不能再打捞时，都采用打水泥塞、侧钻的办法处理。事前，地质人员应查阅有关地质资料，配合工程人员，选择合理的封固井段及侧钻位置。此外，应收集以下资料：

（1）打水泥塞时应记录预计注水泥井段、水泥面高度、厚度及打水泥塞的时间和井深、注入水泥量、水钻井液相对密度（最大、最小、平均）、注入井段。

（2）侧钻时应记录水泥面深度、侧钻井深、钻具结构，同时要注意钻时变化，返出物的变化，为准确判断侧钻是否成功提供依据。

（3）侧钻时需作侧钻前后的井斜水平投影图，求出两个井眼的夹壁墙，以指导侧钻工作的顺利进行。另外，由于侧钻前后的两个井眼中同一地层的厚度和深度必然不同，以致相应录井剖面也不相同。因此，在侧钻过程中，应从侧钻开始时的井深开始录井，避免给岩屑剖面的综合解释工作带来麻烦。

习题与思考题

1.影响钻时变化的因素有哪些？

2.钻井取芯的原则是什么？取芯层位如何确定？

3.碎屑岩岩芯描述有哪些内容？

4.岩芯、岩屑描述的分层原则是什么？

5.钻遇油、气、水显示时应收集的资料有哪些？

6.如何进行荧光录井？

7.确定井壁取芯的原则是什么？

8.几种常规地质录井在油气田勘探开发中的作用有哪些？

第二篇　综合地质录井

项目一　综合录井仪概述

任务一　井场信息监测系统的基本组成

【内容提要】LS-1型综合录井模拟培训系统是集石油钻井、地质勘探、传感技术、微电子技术、计算机技术、精密机械、色谱分析及强配电等多种技术于一体的高新技术产品。

LS-1型综合录井模拟培训系统可以连续监视钻井过程中各种异常事故出现时的参数显示情况,实时采集钻井工程、泥浆、压力等各种钻井参数和显示各种钻井工作状态画面和图形,并储存、处理、打印近百项数据,具有多种资料处理功能。学生根据参数或者曲线图的变化学习掌握异常事故的识别和判定,并能掌握一定的事故处理能力。辅以逼真的井场沙盘模型和传感器检测图形软件,生动地展示各类传感器的外形特征、安装位置以及测量范围等。

LS-1型综合录井模拟培训系统包括,采用油田录井普遍装配的17个井场传感器;配备具有极好的线性指标、技术国际领先的色谱分析系统,适应不同环境要求的脱气系统装置;先进的70D钻机及井场沙盘模型,形象、生动地展示传感器的具体安装位置。采用先进的KVM,使教师能够全局控制系统,轻松辅助教学;高性能、高水平计算机硬件系统配置,可扩展局域网的联机采集系统和先进的传感器检测软件。

LS-1型综合录井模拟培训系统采用工业标准设计研制,按照防爆要求设计的电源控制系统具有强电保护功能,仪器房内计算机均采用工控计算机。经测试,在实验室环境下,LS-1型综合录井模拟培训系统可以安全、可靠、长期无故障运行。LS-1综合录井模拟培训系统设备示例如图2.1.1和图2.1.2所示。

图 2.1.1　LS-1 综合录井模拟培训系统设备 1

图 2.1.2　LS-1 综合录井模拟培训系统设备 2

一、探测器

（1）可燃气体探测器如图 2.1.3 所示。可燃及有毒气体探测器有 200 s 的预启动过程,因此必须待可燃及有毒气体探测器启动完毕后方可启动电机或通用电源。

检测原理:催化燃烧式。

检测气体:天然气、液化石油气、煤气、烷类、醇、酮、苯、汽油等ⅡC级 T6 组可燃气体。

测量范围:0～100％LEL;

精度:±5％FS;

响应时间:小于 30 s;

恢复时间:小于 30 s;

防爆方式:隔爆型;

防爆标志:Exd Ⅱ CT6;

防爆连接螺纹:G3/4 管螺纹;

工作电压:DC 24 V±12 V;

工作电流:不超过 200 mA;

信号输出:4～20 mA 标准电流输出,二段报警继电器触点输出(触点容量 DC 24 V/1 A);

工作温度:—40℃～+70℃;

相对湿度:20%～95%RH;

最大传输距离:5 500 m(2.5 mm² 铜芯电缆)。

(2)H_2S 气体探测器如图 2.1.4 所示。

图 2.1.3　可燃气体探测器　　　　图 2.1.4　H_2S 气体探测器

检测原理:电化学式;

检测气体:H_2S;

测量范围:0～50×10^{-6};

精　　度:±5%FS;

防爆方式:隔爆型;

防爆标志:Exd Ⅱ CT6;

防爆连接螺纹:G3/4 管螺纹;

工作电压:DC24 V±12 V;

工作电流:不超过 120 mA;

信号输出:4～20 mA 标准电流输出,二段报警继电器触点输出(触点容量 DC 24 V/1 A);

工作温度:—20℃～+50℃;

相对湿度:20%～95%RH;

最大传输距离:5 500 m(2.5 mm² 铜芯电缆);

(3)烟雾探测器如图 2.1.5 所示。

HM-603IC-4 型烟雾探测器用于火灾发生初期,当烟雾已达到一定浓度时进行火灾报警的探测器,它可广泛用于各类工业与民用建筑的场所火灾探测。满足国家防爆标准(本安型)ib Ⅱ cT6,适用于工厂企业,民用建筑存在可燃气体与空气形成爆炸混合物,为 Ⅱ A,Ⅱ B级,T1-T6 组爆炸性危险场所。其特点如下:

1)具有防爆功能;

2)两线制，无极线，本质安全型，须配合安全栅使用；

3)采用报警指示灯；

4)抗干扰能力强；

5)抗潮湿能力强；

6)无污染。

(4)防爆微差压探测器如图 2.1.6 所示。

图 2.1.5　烟雾探测器　　　　　　图 2.1.6　防爆微差压探测器

506-2-4 型微差压传感器由不锈钢膜片与固定电极构成一个可变电容，压力变化时，电容值发生变化。SETRA 独特的检测电路将电容值的变化转化为线性直流电信号。弹性膜片可承受 70 kPa 过压(正向/负向均可)而不会损坏。此传感器/变送器已进行了温度补偿，从而提高了温度性能和长期稳定性。将信号转换为成比例的电流信号，输出 4～20 mA 的电流信号。激励电压为 DC 24 V。506-2-4(EX)符合本质安全要求，防爆等级为 ia Ⅱ CT4(特选)，可在防爆的环境下正常工作。506-2-4 最小测量范围为 0～25 Pa，最大测量范围为 0～25 kPa，在室温下精度为±1％FS，温度补偿范围在＋5～＋65℃，通过温度补偿电路，使温度影响小于±0.06％FS/℃。

其优点如下：

SETRAT 可变电容传感技术；

不锈钢亚弧焊敏感元件；

符合本安防爆认证 ia Ⅱ CT4(268EX 特选)；

UL94V-0 阻燃性等级；

标准精度为±1％FS；

精度可达到±0.4％FS，±0.25％FS(特选)；

最小测量范围为 0～25 Pa。

任务二　数据采集单元组成

一、功能概述

LS-1 综合录井模拟培训系统数据采集单元有 A,B 两种模式,A 模式是直接从模拟软件采集数据,B 模式从传感器模型采集数据。

数据采集单元由数据采集软件 RigWLDaq 和数据采集 PLC 组成。在 A 模式下,Rig-WLDaq 数据采集软件直接采集教师控制台 PC 的模拟数据;B 模式下,RigWLDaq 数据采集软件采集数据采集 PLC 的数据,但是也必须在教师控制台运行异常事故模拟软件。

二、工作原理

· 数据采集 PLC 供电。

· 数据采集 PLC 和传感模型均由 24 V 直流电源供电。

· 同上位计算机通信。

· 数据采集 PLC 与教师台主控程序通过 RS232 通信。钻井事故模拟软件也通过 RS232 口与录井仪器房采集机通信。

三、仪器结构

仪器机构如图 2.1.7 所示。

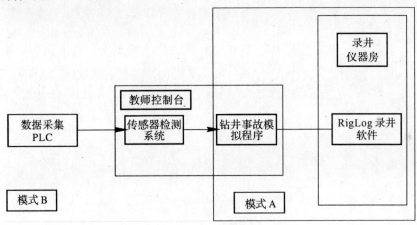

图 2.1.7 仪器机构

四、使用

在模式 A 下,首先运行 RigLog 井场信息监测系统的 RigWLDaq,并打开相应串口开始采集数据。接着运行教师台 PC 的 RigTech 钻井事故模拟程序,可以选择实时模拟、异常模拟和回放模拟三种模拟方式。实时模拟可以将自己添加的数据发送到录井软件采集处理,前提是事先已经编辑保存好模拟方案;异常模拟可以模拟 7 个大类,共计 40 多个钻井异常事故,几乎囊括所有的钻井异常事故模拟数据。回放模拟将真实钻井的整口井数据进行回放。

要执行模式 B,必须将教师台传感器检测系统连接到 RigTech 钻井事故模拟程序。只需点击传感器检测系统的【启动传输】按钮,然后在 RigTech 的系统设置下单击【连接】按钮,若连接成功,RigTech 会自动切换到网络模拟模式,此时 RigLog 录井软件系统即可采集传感器的数据。

习题与思考题

1. 说明仪器房正压防爆电源控制系统组成，并指出所在的位置。

2. 说明可燃气体探测器、H_2S 气体探测器、烟雾探测器、防爆微差压探测器的原理及其安装位置。

3. 说明数据采集单元的工作原理。

项目二　异常事故模拟系统

项目钻井事故分析是综合录井的重要内容,也是综合地质录井工的主要工作内容之一。本项目介绍异常事故模拟系统的组成,重点内容是各种异常曲线的分析。

任务一　异常系统软件

一、RigTech 软件主要特色

本软件系统主要有以下几大特色:

(1)软件简洁,功能齐全,稳定性好。程序构架合理,代码编写规范,测试完整严格。

(2)操作简单,易学好用。修改参数属性,标定采集参数,鼠标右击屏幕上的参数即可。

(3)所有数据均可外部通过 TCP/IP 输入。

(4)可支持实时模拟、异常模拟、数据库回放模拟、TCP/IP 模拟。

二、软件系统架构

软件系统架构如图 2.2.1 所示。

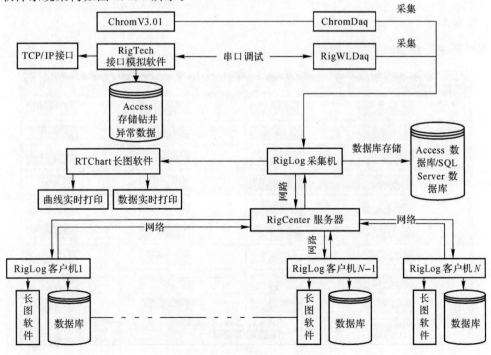

图 2.2.1　软件系统架构

主要流程：通过 Virtual Serial Port Driver（串口调试）生成一组两个相互通信的虚拟串口。RigTech 打开一组中的一个虚拟串口，RigWLDaq 打开一组中的另一个虚拟串口。RigTech 通过串口把数据发给 RigWLDaq，然后再通过内存共享的方式，发给录井软件 RigLog。

三、RigTech 的安装

1.运行环境

计算机硬件环境：

CPU：奔腾 Ⅳ 或以上。

内存：512 MB。

显示器：推荐使用 19 英寸或以上。

硬盘空间：10 GB 以上（考虑到存放数据库）。

计算机软件环境：

操作系统：32 位 Windows XP 中文版。

分辨率：推荐使用 1 024×728 或更高。

2.程序安装

本软件设计安装在教师控制台计算机，将软件从光盘拷贝至计算机，配置好 IP 即可运行本软件。运行 RigTech 后默认已经打开 COM1 串口，若需要使用其他串口，可以在系统设置里更改。

四、功能介绍

1.系统界面

程序启主界面如图 2.2.2 所示。

图 2.2.2　程序启动主界面

2.修改通道属性

直接右击要修改的参数所在的图元框,即可弹出下面对话框(如对绞车进行修改):

(1)图元框(见图2.2.3)。

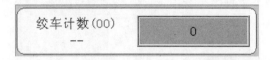

图 2.2.3　图元框

(2)参数设置(见图2.2.4)。

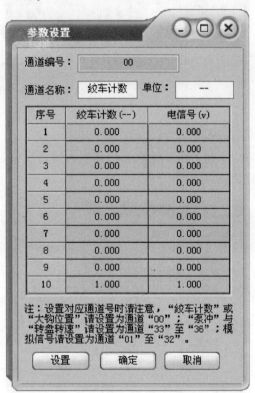

图 2.2.4　参数设置界面

3.系统设置

系统设置界面如图2.2.5所示。

【系统设置】:主要是针对仪器外围设备的一些设置。其中包括【串口设置】,【发送频率】和【网络连接】。下面具体介绍各自的功能和作用。

【串口设置】:本模拟软件和 RigWLDaq 软件是采用通过串口通信方式的。默认串口号:COM1。

【网络连接】:这里是本软件与外部 TCP/IP 通信的接口——网络接口。本软件作为服务端,外部端口向本软件提供模拟数据。

【发送频率】:设置每条命令发送的时间间隔。

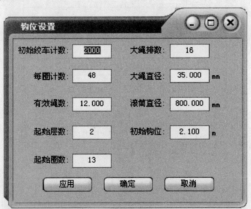

图 2.2.5　系统设置界面

五、钩位设置

钩位设置界面如图 2.2.6 所示。

【初始钩位】:该钩位对应于初始绞车计数下的真实大钩高度值。如果钩位跟踪明显不准确,可以重新修改该值来校正。

图 2.2.6　钩位设置界面

【起始层数】:滚筒上大绳排列的层数。

【起始圈数】:滚筒上最外一层的圈数。

【大绳排数】:滚筒上一层所容纳的大绳的排数。

【有效绳数】:当前使用的大绳股数,一般为 10 或 12 股。

【大绳直径】:钢丝绳的直径,mm。

【起始计数】:即在给定大绳起始层数、圈数时,设定一个起始绞车计数,因为绞车计数在 0～9 999 之间,因此起始计数一般设为 2 000～2 500,防止绞车计数超过范围。

【滚筒直径】:绞车滚筒的直径,mm。

六、导入设置

导入设置界面如图 2.2.7 所示。

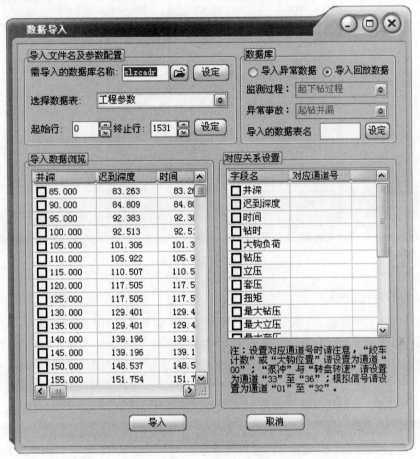

图 2.2.7 导入设置界面

任务二 起下钻过程的监测

1.起钻井漏

起钻过程中,井下钻具的体积不断减少,通过灌注泵,相同体积的钻井液从计量罐泵入井内,录井的体积传感器随时监测计量罐液面的变化情况。当有井漏发生时,计量罐内钻井液体积减少量超过起出钻具体积,通过起下钻钻井液体积记录表可以得知钻井液实际减少量,如图 2.2.8 所示。

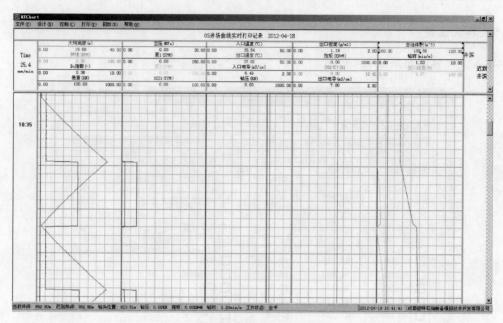

图 2.2.8　起钻井漏

2.起钻溢流,井涌,井喷

井下钻具的体积不断减少,通过灌注泵,相同体积的钻井液从计量罐泵入井内以维持井内压力平衡;但是,可能由于存在的地层异常压力,以及起钻的抽吸作用的诱导,但地层孔隙压力大于改井深的钻井液注压力时,地层孔隙中的可动流体将进入井内,发生井侵,停泵后,井口处钻井液自动外溢,产生溢流(见图2.2.9)。当溢流进一步加强时,钻井液连续不断地涌出井口时称为井涌(见图2.2.10)。地层流体进入井筒后不受控制地从井口喷出,形成井喷(见图2.2.11)。

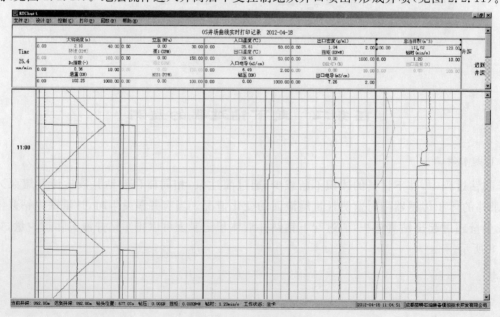

图 2.2.9　起钻溢流

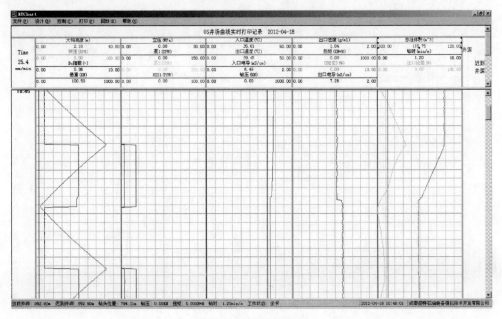

图 2.2.10　起钻井涌

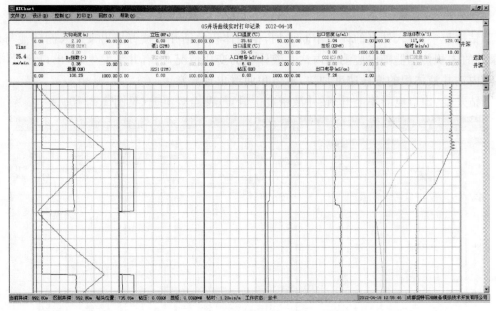

图 2.2.11　起钻井喷

3.下钻井漏

下钻过程中,下入钻具的体积不断增加,相同体积的钻井液被置换出来进入循环池与计量罐,录井的体积传感器随时监测池内钻井液体积的变化情况,当有井漏发生时,出口流量为零或低于正常值,循环池体积增加量小于钻具的体积(见图 2.2.12)。

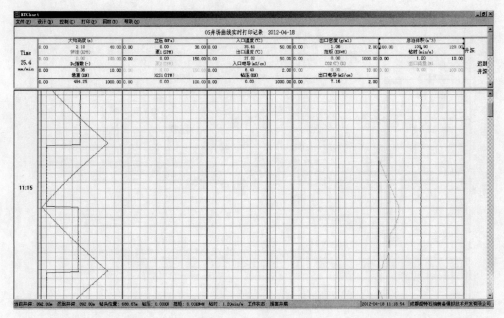

图 2.2.12　下钻井漏

4.下钻井侵,溢流,井涌

　　下钻过程中,下入钻具的体积不断增加,相同体积的钻井液被置换出来进入循环池与计量罐,录井的体积传感器随时监测池内钻井液体积的变化情况,当有井涌发生时,出口流量增加,循环池内钻井液体积的增长速度加快,池体积曲线出现异常。

　　下钻井侵:出口电导率上升,钻井液密度上升,气测全烃上升(见图 2.2.13)。

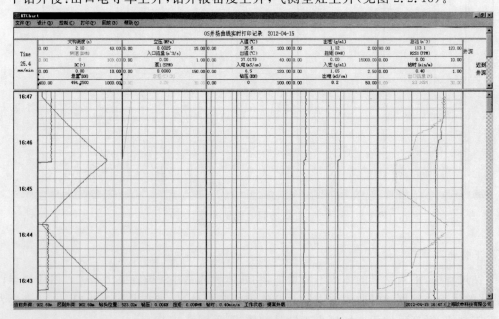

图 2.2.13　下钻井侵

下钻溢流(见图 2.2.14),井涌(见图 2.2.15):出口密度下降,出口电导率上升,气测全烃上升。

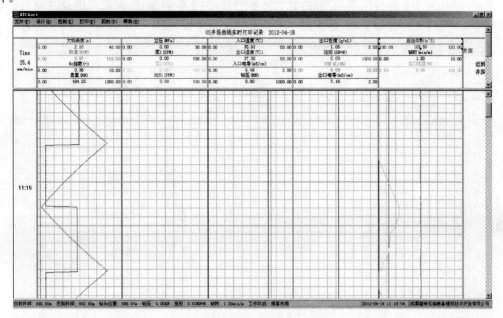

图 2.2.14　下钻溢流

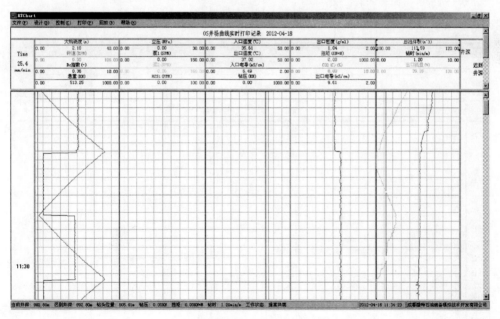

图 2.2.15　下钻井涌

5.起钻遇卡

起钻过程中,随着井下钻具的不断减少,悬重逐步下降。由于砂岩缩径,泥岩垮塌及井身斜度等因素的影响,起钻时大钩负荷持续增加,大于钻具的实际悬重,发生起钻遇卡(见图 2.2.16)。

6.下钻遇阻

下钻过程中,井下钻具的不断增加,悬重逐步增加,由于砂岩缩径、泥岩垮塌及井身斜度等因素的影响,下钻时大钩负荷下降,悬重值小于钻具的实际重量,发生下钻遇阻(见图2.2.17)。

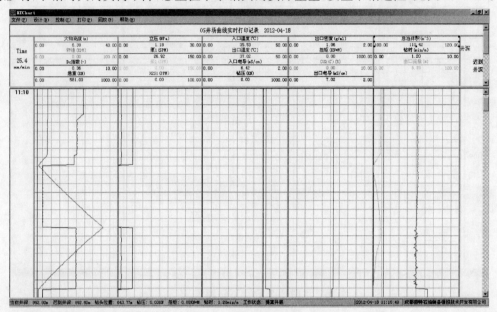

图 2.2.16　起钻遇卡

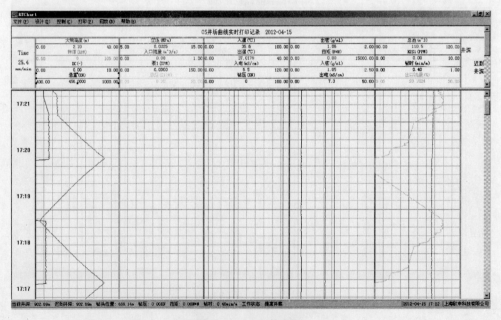

图 2.2.17　下钻遇阻

7. 下钻中卡钻

由于砂岩缩径,泥岩垮塌及井身斜度等因素的影响,下钻时大钩负荷的持续减小并小于钻具的实际负荷;同时上提钻具时大钩负荷持续增加,且远大于钻具的实际负荷。当钻具上不能提,下不能放时,即发生卡钻事故(见图 2.2.18)。

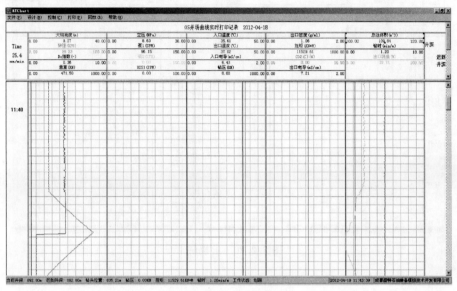

图 2.2.18　下钻中的卡钻

8. 起下钻过程中的断钻具

由于钻进所使用的钻具较旧,钻进中没有及时发现钻具刺漏,或钻进时,因溜钻、顿钻引起的扭矩急剧升高,以及起钻过程中遇卡后野蛮地强提拉,可能导致断钻具事故。断钻具的直接表现是悬重上的突然下降,低于钻具正常悬重值(见图 2.2.19)。

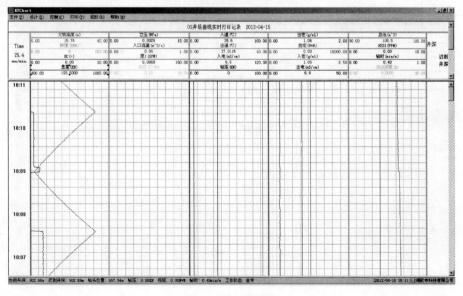

图 2.2.19　断钻具

9.上提解卡

遇卡后,大钩高度反复上提下放,解卡后悬重突然下降(见图 2.2.20)。

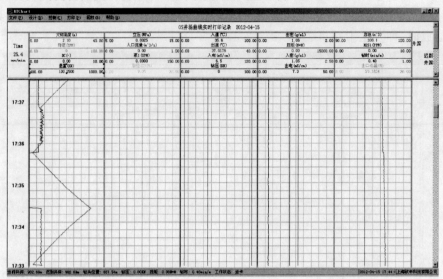

图 2.2.20　上提解卡

任务三　对循环和静止的监测

1.井漏

当循环过程中钻井液消耗量大于地面、管线循环过程中的正常消耗量的和时,排除其他地面因素,可判断为井漏。出口流量降低,循环池液面下降,泵冲有上升趋势,立压有下降趋势(见图 2.2.21)。

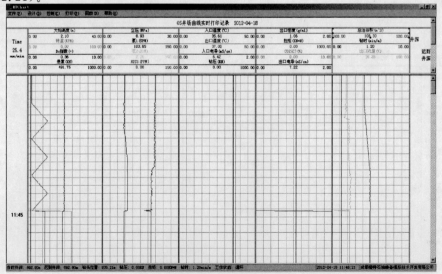

图 2.2.21　井漏

2. 井侵、溢流、井涌

当地层孔隙压力大于该井深的钻井液压力时,地层孔隙中的可动流体将进入井内,导致出口流量增加,循环池液面上升,发生井侵。

泵冲速不变,出口流量增加,循环池体积增加,同时出现全烃异常(见图 2.2.22～图 2.2.24)。

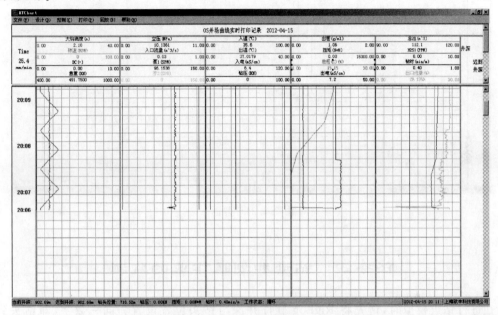

图 2.2.22　井侵

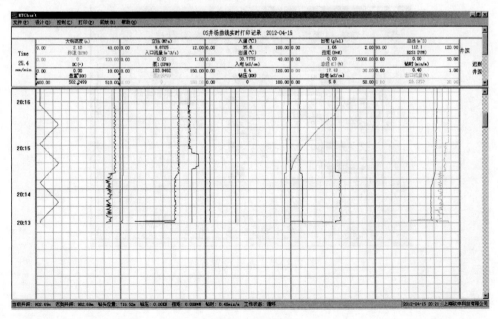

图 2.2.23　溢流

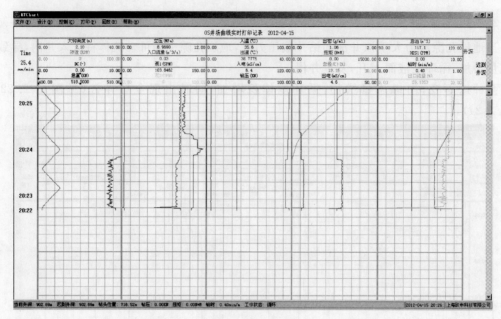

图 2.2.24 井涌

任务四 钻进和划眼作业的监测

在进行钻进模拟时,请先将 RigLog 软件井深与钻头位置设置为同一数字,即钻头到井底,如图 2.2.25 所示。

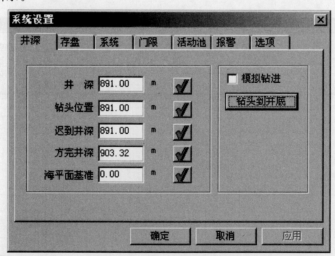

图 2.2.25 系统设置界面

1. 钻头寿命终结

钻头寿命终结通常表现为扭矩值增大,扭矩波动幅度增大,机械钻速降低。钻压、排量、转速等工程参数不变的情况下,扭矩整体升高且波动幅度增大,同时钻时显著增大(见图 2.2.26)。

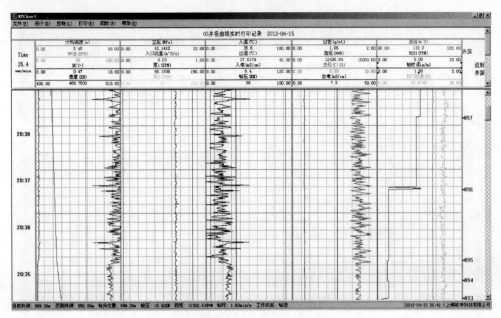

图 2.2.26　钻头寿命终结

2. 掉牙轮

钻时突升,转盘扭矩突升,转盘钻速由于蹩跳下降(见图 2.2.27)。

图 2.2.27　掉牙轮

3. 钻头磨损

扭矩突升,波动范围变大,其他参数无变化(见图 2.2.28)。

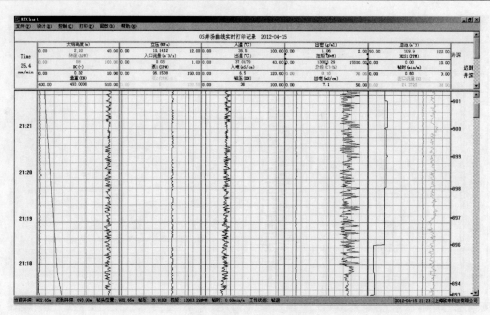

图 2.2.28 钻头磨损

4. 钻具刺漏

由于钻具陈旧,钻井液的腐蚀,或者钻柱扭转速度变化幅度大,导致钻具受损,以及钻进中立压较高等因素的作用,可能引起钻具刺漏。钻具刺漏的明显特征是泵冲速不变,立压缓降(见图 2.2.29)。

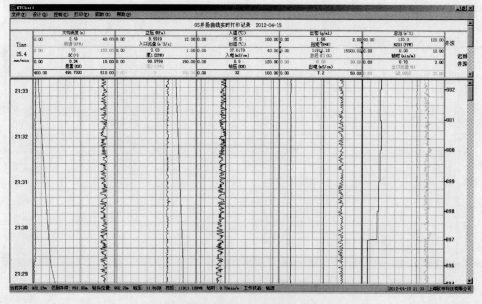

图 2.2.29 钻具刺漏

5. 钻具断

表现为悬重上的突然下降,低于钻具正常悬重值,同时伴有立压下降,扭矩波动,转盘转速上升及出口流量增加的表现(见图 2.2.30)。

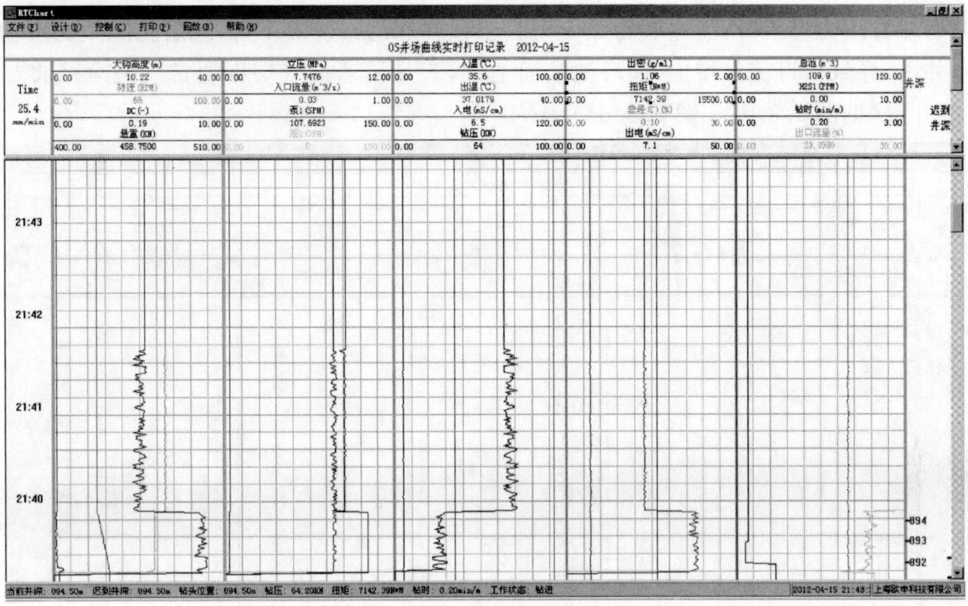

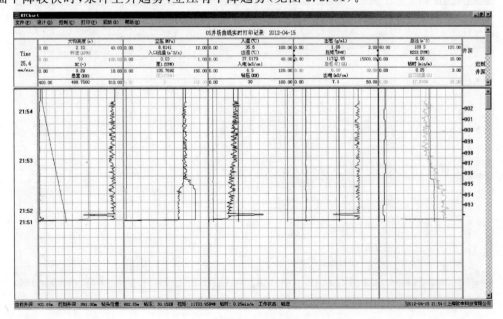

图 2.2.30 钻具断

6. 井漏

钻井过程中钻井液消耗量大于井眼增加量与地面、管线循环过程中正常消耗量的和,排除其他地面因素,可判断为钻井中的井漏。通常表现为,出口流量开始下降,循环池液面下降,当液面下降较快时,泵冲上升趋势,立压有下降趋势(见图 2.2.31)。

图 2.2.31 井漏

7.井侵、溢流、井涌

钻遇异常压力层段时,当地层孔隙压力大于该井深的钻井液压力,地层孔隙中的可动流体将进入井内,导致出口流量增加,循环池液面上升,若是钻遇油气层则通常气测全烃将显著增加,发生井侵(见图2.2.32～图2.2.35)。

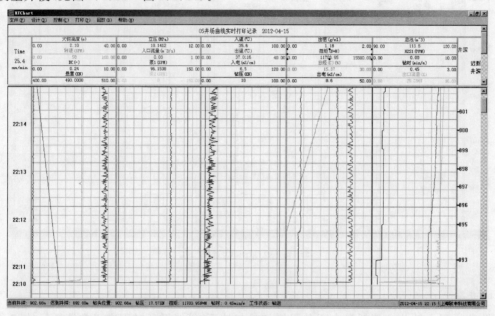

图 2.2.32 井侵

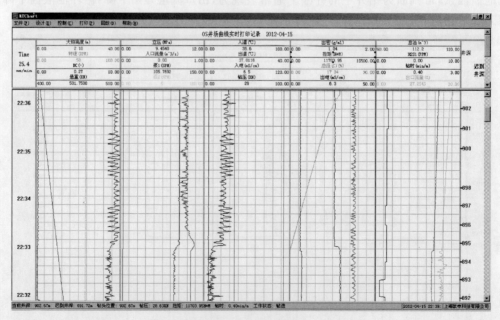

图 2.2.33 溢流

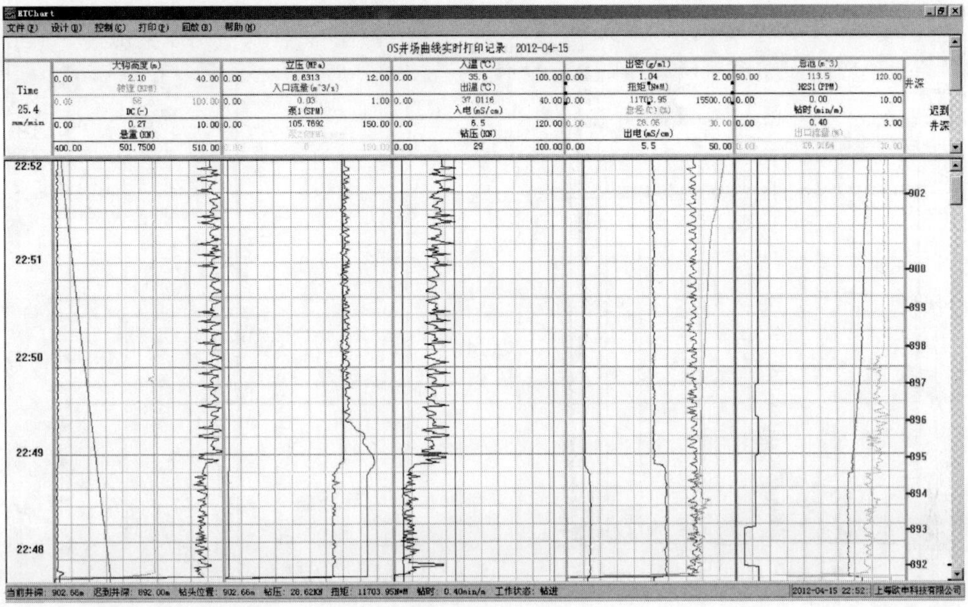

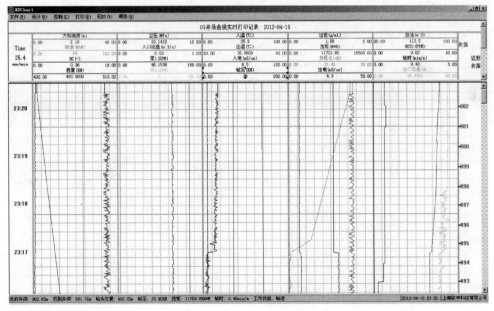

图 2.2.34　井涌

图 2.2.35　气侵

8.溜钻、顿钻、放空

溜钻一般是司钻送钻不均匀,在钻头上突然施加超限度的钻压,导致钻具压缩、井深突然加深的现象。悬重突降,钻压与扭矩猛增,钻时突降(见图 2.2.36～图 2.2.38)。

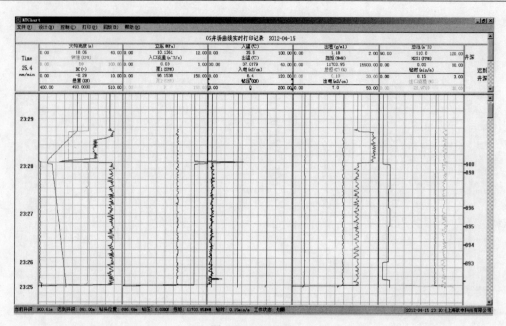

图 2.2.36　溜钻

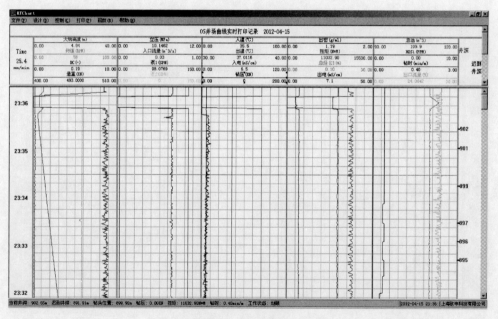

图 2.2.37　顿钻

9.堵水眼

钻进时钻井液中大颗粒物体进入水眼将水眼堵死,形成堵水眼。通常表现为泵冲不变,立压持续升高,停泵后立压不降或下降很慢(见图 2.2.39)。

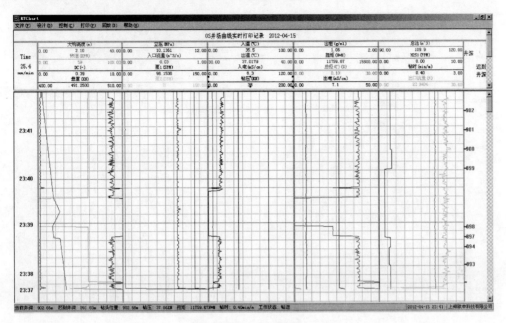

图 2.2.38　放空

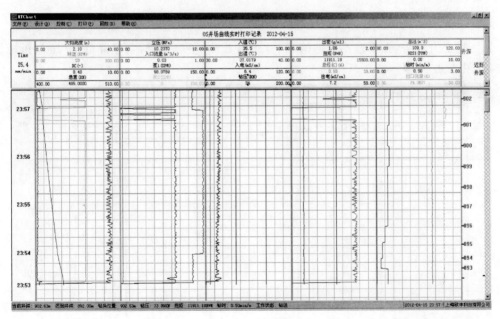

图 2.2.39　堵水眼

10. 掉水眼

掉水眼时常常是水眼安装不到位,钻井液沿水眼周边刺漏,最后刺掉水眼。通常表现为开始时立压缓慢下降,刺漏到一定程度时立压突然降低,水眼刺掉,立压不再下降,此时如果继续钻进则会发生转盘扭矩整跳,钻速降低(见图 2.2.40)。

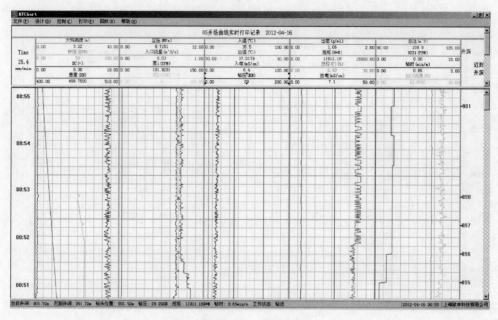

图 2.2.40　掉水眼

11.钻头泥包

钻压呈上升趋势,在泵速不变的情况下,立压上升,扭矩下降,泵速降低,立压与扭矩保持不变(见图 2.2.41)。

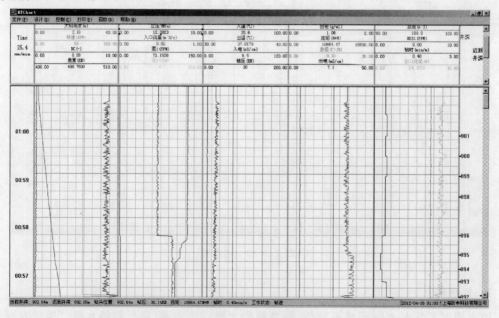

图 2.2.41　钻头泥包

12.卡钻

上提钻具,悬重增加;下放钻具,悬重降低;增加和降低的幅度远大于钻具的悬重,同时扭矩增加(见图 2.2.42)。

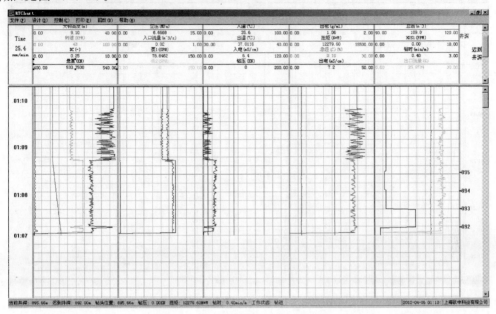

图 2.2.42　卡钻

13.钻井设备故障

(1)上水故障:立压突降(见图 2.2.43)。

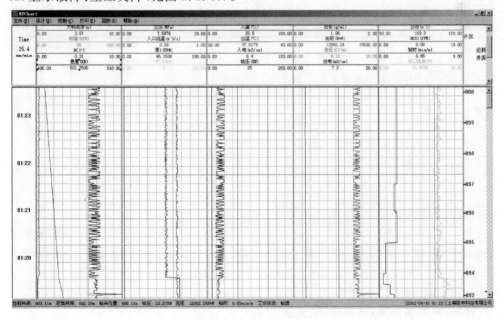

图 2.2.43　泵上水故障

(2)杆上部旁通阀处断:立压与扭矩上升(见图 2.2.44)。

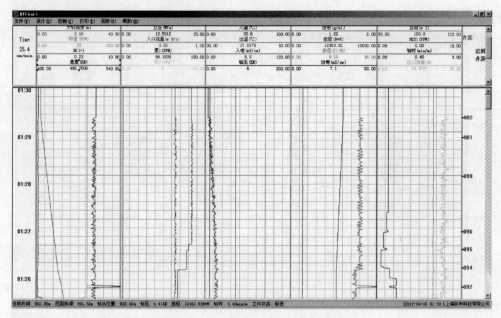

图 2.2.44　螺杆上部旁通阀处断

(3)高压管线刺漏:立压下降,泵速上升(见图 2.2.45)。

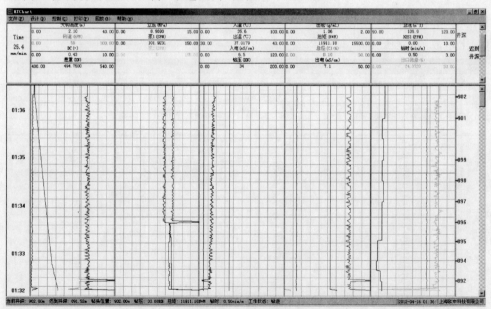

图 2.2.45　高压管线刺漏

(4)刺漏:泵冲速不变,立压缓降(见图 2.2.46)。

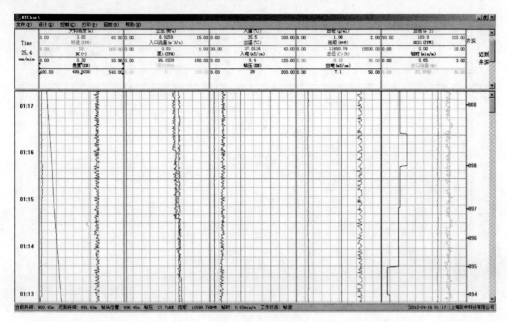

图 2.2.46 泵刺漏

14.井壁垮塌

立压异常,泵速不变,岩屑中见较多上部地层岩屑(见图 2.2.47)。

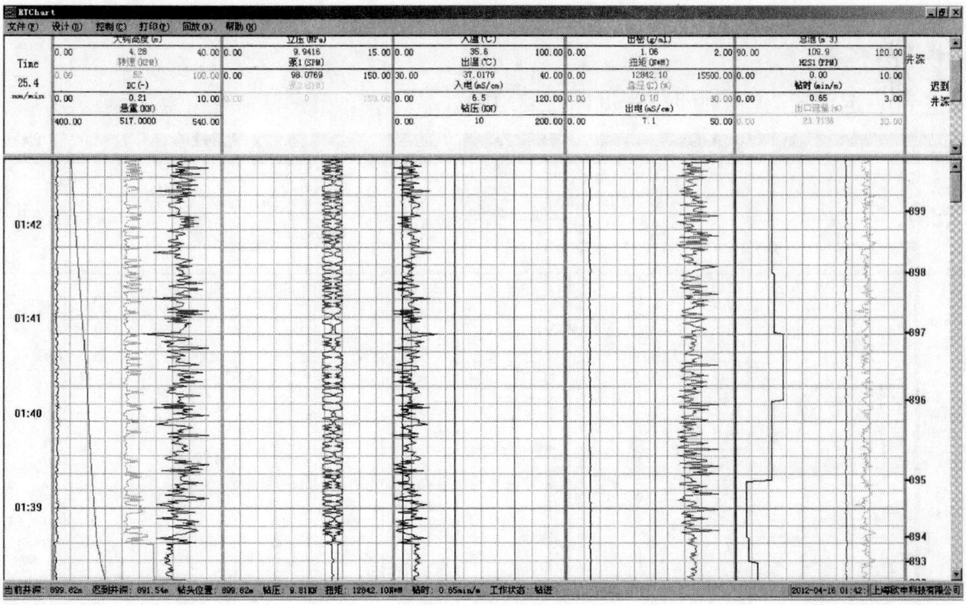

图 2.2.47 井壁垮塌

15.钻井液密度引起的立压变化

密度上升,立压下降,泵速不变(见图 2.2.48)。

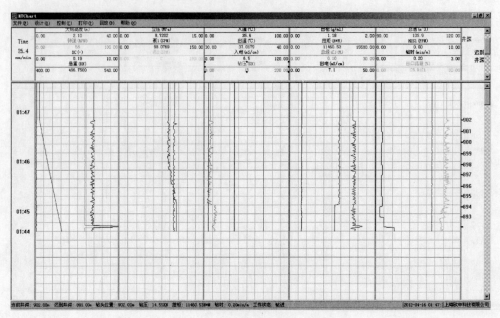

图 2.2.48　钻井液密度引起的立压变化

任务五　其他异常检测

1. 钻遇硫化氢

钻进到一定地层,产生的 H_2S(见图 2.2.49)。

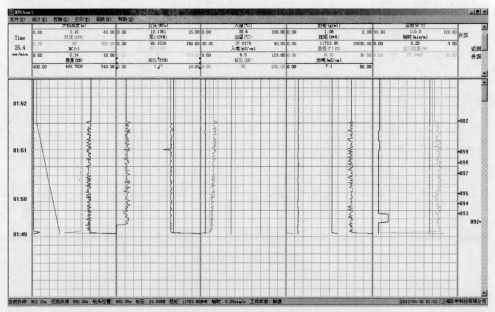

图 2.2.49　钻遇 H_2S

2.后效硫化氢

钻进到井底后,循环产生的 H_2S(见图 2.2.50)。

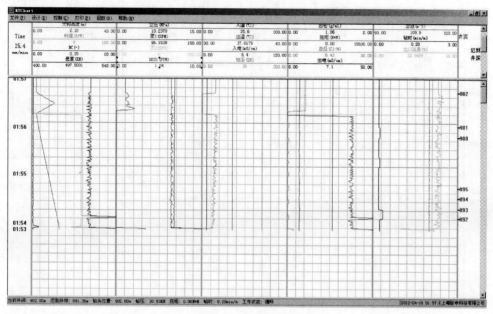

图 2.2.50 后效 H_2S

3.地层压力的监测

钻进过程中通过连续监测的 DC 指数可以直观地判断地层压的实状况。DC 曲线向左侧偏移,地层呈欠压实特性(见图 2.2.51)。

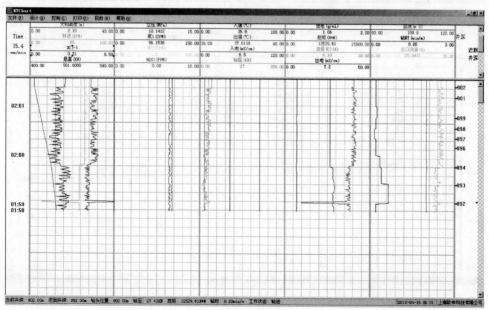

图 2.2.51 地层压力

4.气测异常的监测

在钻进过程中,全烃上升,钻时下降,密度下降(见图2.2.52)。

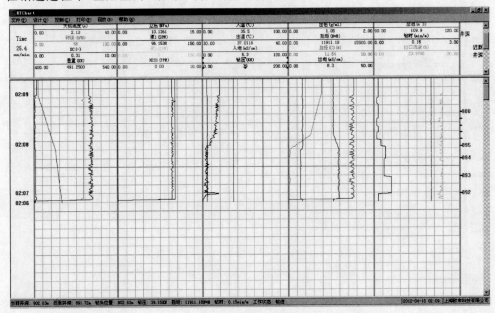

图 2.2.52　气测异常

5.减震器失效

钻压波动加剧,扭矩波动加剧,悬重波动加剧,蹩转盘(见图2.2.53)。

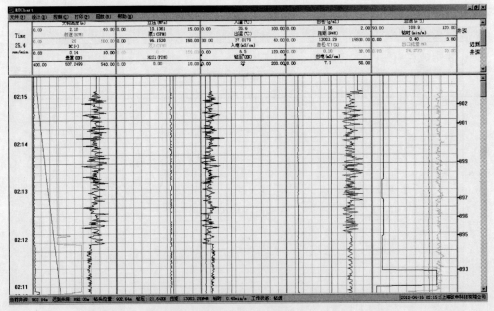

图 2.2.53　减震器失效

习题与思考题

1. 熟悉 RigTech 软件的操作系统。
2. 完成 RigTech 软件的系统设置操作。
3. 说明起钻井漏曲线特点。
4. 说明下钻井侵、溢流、井涌曲线特点。
5. 说明起下钻过程中的断钻具曲线特点。
6. 说明正常钻进时断钻具曲线特点。
7. 如何应用地层压力的监测曲线判断地层压力异常？

项目三　传感器检测系统

综合录井中的各项数据均由各种传感器提供，因此传感器在综合录井中具有重要的意义。对于综合录井工来说必须掌握传感器的原理、使用方法及其安装位置。本项目重点介绍各种传感器的原理、使用及安装位置。

一、SK－8J系列绞车传感器

1. 传感器工作原理

SK－8J05G绞车传感器是一种增量型旋转编码器，将它安装在绞车轴上后，就可以监测钻井过程中绞车轴的角位移变化，通过计算机处理就可以得到钻井时大钩的高度位置变化，从而测得钻井深度。

SK－8J05G绞车传感器内部装有两只光电开关，并配有一片带12齿的遮光片，当遮光片随绞车轴转动时，分别阻断或导通传感器内两只相位差为90°的光电开关间隙中的红外光线，从而使光电开关产生两组相应的电脉冲信号，供后级仪表检测。

2. 技术指标

工作电压：DC 5 V±10%；

最大工作电流：35 mA；

输出信号：推挽式电压信号；

工作温度：－40～75℃；

编码盘齿数：12；

最大转速：2 000 r/min；

防护等级：IP64。

外形尺寸如图2.3.1所示。

3. 安装和使用

引出脚接线规定。本传感器配有密封式YD20型的四芯插头，可加接75 m或100 m的信号电缆，如图2.3.2所示。

SK－8J05G绞车传感器可兼容替代国内外同类型的绞车传感器。

（1）安装位置：SK－8J05G绞车传感器应安装于绞车滚筒轴的端部，两端均可安装，但输出相位的位序相反，为正确确定转轴方向接收仪器应有相应的倒向开关。

（2）安装方法：卸下滚筒轴端部的护罩，拧下导气龙头，将本传感器的G3/4 in（1in＝2.54 cm）公头与滚筒轴接上，再将导气龙头与本传感器的母头接上，将固定用的不锈钢架与气管线卡接牢靠，接通电缆线，最后装上护罩。为了提高传感器的抗干扰能力，信号电缆的屏蔽层要在仪器端良好地接地（如果采用SK系列的仪器就不用考虑这个问题）。信号电缆要远离动力线缆。

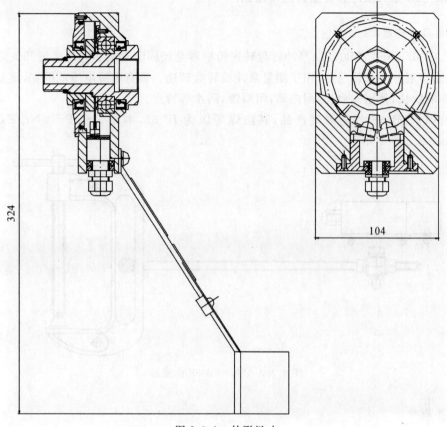

图 2.3.1　外形尺寸

1 脚：信号线 A

2 脚：信号线 B

3 脚：DC+5 V

4 脚：0 V

图 2.3.2　引出脚

4.维修和保养

（1）传感器安装好后，要将护罩装上，如果护罩长度尺寸小于传感器安装后的长度，建议将护罩外移。

（2）由于井场使用环境较差，尽管传感器本身采取了一定密封措施，但长期暴露使用仍可能对接插件及传感器金属本体产生腐蚀，建议加强外部防溅措施以提高其寿命的可靠性。

（3）加接电缆时应注意铺设的电缆不妨碍井场工作人员的现场操作，并且不易被砸碰、损坏且架设安全、可靠。

二、SK-8B系列泵冲和转盘转速传感器

1.传感器工作原理

SK-8B06/8B06F/8B06FG泵冲转盘转速传感器是经固定支架和进口接近开关组合的电感式二线制接近开关式传感器,用于测量泵冲或转盘转速。具有电源电压范围宽,重复定位精度高,频率响应快,使用寿命长,耐振动,耐腐蚀,防水等特点。

其中SK-8B06F为防爆型产品,其防爆等级为IP 67,本质安全PTB Nr. Ex=95D. 2140X,如图2.3.3所示。

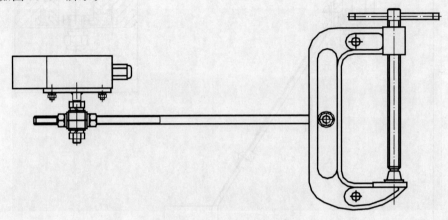

图 2.3.3　SK-8B06F 传感器

2.技术指标

工作温度:-25～70℃;

额定工作电压:8B06:DC 15～30 V;8B06F/8B06FG:DC 8 V;

最大输出电流:200 mA(8B06F:1～3 mA);

有效动作距离:8B06/8B06F≤32.4 mm;8B06FG≤16.2 mm;

最高工作频率:100 Hz;

防护等级:IP67。

SK-8B06具有极性和短路保护功能。

3.安装和使用

泵冲传感器可用支架固定于泥浆泵头,或转盘的适当部位。调整被测对象感应面的位置与传感器的端面之间的最近距离在30 mm以内,加上工作电压。在感应体与传感器端面接近后,指示灯亮;远离传感器时,指示灯灭。8B06F/8B06FG没有指示灯。

转盘转速传感器可用支架固定在转盘主动轴的适当部位,应考虑到方便安装检修,视钻机型号做出选择。在主动轴或气囊离合器的转轴上焊接一块长、宽各为30 mm的铁片,其端面位置应与传感器端面接近平行,调整传感器的固定螺母,使铁片与传感器之间的距离在有效动作距离范围内。

4.维修和保养

(1)严格按本说明书所标的插头号或色标接线,必须用直流稳压电源供电,并确保稳压电

源纹波系数<3%。

（2）应注意不使金属屑或带有金属屑的油污玷污感应面，以免造成磁短路而造成传感器误动作。安装点尽量避免阳光直射，以提高其可靠性。

（3）不得超过额定技术参数使用。

（4）加接电缆的铺设，以不妨碍井场工作人员的现场操作和不易被砸碰、损坏且架设安全、可靠为原则。

（5）此传感器由于装配位置的不同，产生的脉冲数不一定等于泵冲数和转速，可由接收仪器设定修正系数解决。

三、SK-8L 系列泥浆出口流量传感器

1.传感器工作原理

SK-8L02A 出口流量传感器用于测量石油钻井泥浆出口流量相对变化，利用泥浆流体连续性原理和伯努利方程，以及挡板受力的分析，可得出流量与传感器挡板摆动幅度之间的函数关系，并以电阻器的阻值变化线性反映挡板的角位移，从而测得泥浆流量的相对变化。电流型的流量传感器增加了电流变送单元，使输出量变为电流。8L02A 是电流型的出口流量传感器，已通过防爆认证，其输出信号为 4～20 mA。

2.技术指标

工作温度：−40～+80℃；

SK-8L02A 型输出电流：4～20 mA；

SK-8L02 型传感器阻值变化范围：0.5～2.15 kΩ；

挡板张开角度：0～45°；

测量范围：0～100%，改变挡板加重块质量可以改变。

量程：

8L02A 型传感器电源电压：DC 10～24 V；

8L02A 防爆标志：EXibⅡBT5；

防爆关键设备：IS 4041；

精度：5% F.S.。

3.安装和使用

（1）本传感器可兼容替代进口同类型的泥浆出口流量传感器，传感器外壳要可靠接地。

（2）传感器设计已考虑到适用于不同钻机、不同尺寸出口管线，其挡板安装的相对位置可以上下移动，螺孔可以错位安装，挡板上开成长孔，以便于按需调节。

（3）传感器备有两种加重块，可由用户在现场根据不同的情况自由选用，可单独用一块，也可两块叠用。如泥浆流速很大，传感器摆臂冲到极限位置时，可以适当增加配重，若泥浆流速较小，传感器摆臂摆幅太小，可以适当减小配重。将传感器所附固定框架焊接在准备好适当槽孔的出口管线上，然后将传感器用螺栓固定在框架上；也可用固定架固定在泥浆出口处的泥浆槽内。挡板的浸入深度以不被沉砂搁滞为宜，且在安装后，应检查挡板可在管内空间自由摆动，不与管线内壁相碰。否则会影响传感器输出信号正确性。

四、SK-8N 系列转盘扭矩传感器

1.传感器工作原理

钻井过程中,通过转盘扭矩传感器来测定转盘驱动钻具扭矩大小的变化,可正确反映出井下钻具的工作情况和井底地层的变化。如钻头的磨损、牙轮咬住或脱落,钻柱遇卡或折断,地层硬度改变等,均会引起转盘驱动扭矩大小的变化。因此,用转盘扭矩传感器正确测定和显示转盘扭矩,有助于及时掌握井下工况,一旦出现事故苗子能及早采取相应措施,避免事故的发生。

钻井过程中,转盘驱动钻具,实现钻进,同时钻具会产生一个大小与驱动扭矩相等、方向相反的反扭矩作用在转盘上,使转盘有反向旋转的趋势。在转盘四周有若干顶丝固定转盘,因而顶丝上就受到转盘反向旋转的推力,其大小与转盘扭矩成正比。根据这一力学原理,在转盘与顶丝之间放入一只传压器,它将顶丝的作用力转换成油压,转盘扭矩传感器再将传压器输出的油压信号转换成电信号,电信号的强弱就反映转盘驱动扭矩的变化,再通过电缆将电信号传递到二次仪表或计算机接口,以显示和采集转盘驱动扭矩的信息。

其结构示意图如图 2.3.4 所示。

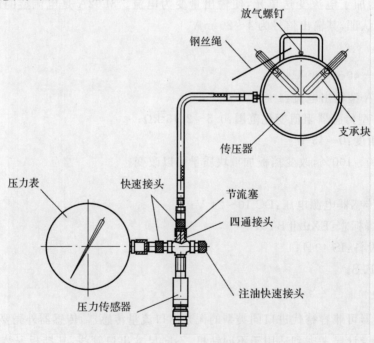

图 2.3.4　SK-8N 传感器

2.技术指标

输入液压信号范围:0~1.6 MPa;

传压器膜径:φ152 mm;

最大压力极限:2.4 MPa;

负载能力:50 kN;

工作温度：$-30\sim+80℃$；

非线性误差：$\leqslant0.5\%$；

输出灵敏度：$0\sim100\ mV/0\sim1.6\ MPa$ 或 $4\sim20\ mA/0\sim1.6\ MPa$。

3. 安装和使用

传压器在转盘上的安装位置如图 2.3.5 所示。为使传压器在顶丝和转盘之间保持良好接触，在承受转盘反扭矩的另外三只顶丝与转盘之间必须垫入起复位作用的橡胶垫。在传压器体上有两个可调节的支承块（见图 2.3.5），使它处于合适的位置，当它支承在转盘顶丝上时，尽量使传压器圆盒中心轴线与顶丝轴接近一致，然后用顶丝将传压器压紧，同时将垫有橡胶垫的另三只顶丝用相近的力上紧，再连接各路管线、四通和电缆。将压力表固定在井架的适当位置上，即可进行调试。

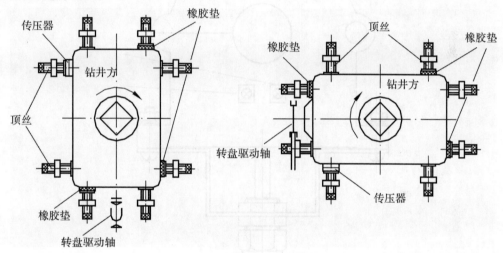

图 2.3.5　传压器在转盘上的安装位置

4. 使用操作

（1）为了提高测试精度，安装转盘前，在支承转盘的钢梁表面务必涂上一层钻杆用丝扣油，以减小转盘与钢梁表面的摩阻力。

（2）必须保持传压器、高压软管、压力表等油路系统中，不进入空气。一旦空气进入需进行排气。其操作步骤：拧松传压器上的放气螺钉，卸下注油快速接头上的保护套，使之与注油泵上的快速接头相接；同时将油路系统中各管线和元件放在低于传压器的位置，然后从注油快速接头中注入压力油，将油路中含有的空气从传压器的放气螺钉孔中排出传压盒腔体外。当空气排尽，压力油外漏时，即停止注油，拧紧放气螺钉，拆除注油管线，将保护套连接到注油快速接头上。

5. 维修和保养

（1）在钻井过程中，需要测试转盘驱动扭矩期间，必须保持转盘顶丝顶紧传压器，在转盘还未驱动前，传压器油腔内保持 0.3 MPa 的预压力（可观察与传压器相连的压力表上读数）。

（2）为防止传压器松落，将传压器手把上钢丝绳系牢在顶丝上合适部位。

（3）要经常加注压力油。

五、SK-8N07 交直流两用电扭矩传感器

1.传感器工作原理

SK-8N07 交直流两用电扭矩传感器,是采用霍尔元件组成的电流传感器,它适用于油田和其他需要非接触式测量电流的场合。该传感器采用了三线制单电源供电(DC 24 V),输出信号是 4～20 mA,由于采用了工业级元件和密封结构,可在野外全天候工作。

其结构示意图如 2.3.6 所示。

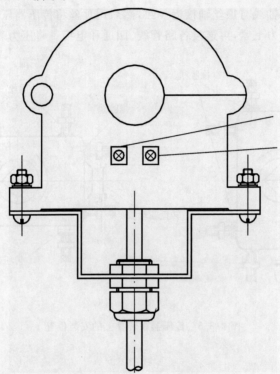

图 2.3.6　SK-8N07 传感器结构

2.技术指标

测量范围:0～1 000 A;

频响应:0～1 000 Hz;

测量精度:≤5%FS;

工作温度:-40～70 ℃;

零点温漂:0.08% FS/℃;

输出信号:4～20 mA;

孔径:ϕ40 mm;

电源电压:DC(24±4) V;

最大耗电电流:≤60 mA;

质量:0.63 kg。

3.维修和保养

该传感器采用了工程塑料外壳,虽有一定的强度,但经不起强力碎打,如果发现传感器输出信号异常,可以先检查电源电压和电缆线路是否正常,在排除了电源和线路故障后,传感器仍有异常可以与本公司销售部门联系,或直接发回公司修理。

六、SK-8C05 超声波液位传感器

1.传感器工作原理

SK-8C05 是一种将传感技术与电信号处理结合在一起的超声波液位传感器。它用来测量敞开或密封容器中的液体液位。

传感器装有超声波传感器及温度感应元件。传感器由探头发射一系列超声波脉冲,而超声波脉冲遇到液面后返回,被传感器接收。传感器中的滤波装置可从来自声波、电波噪声及转动搅拌器桨叶噪声的各种假回波中分辨出从液面上返回的真回波,脉冲波从发射到液面、再返回到传感器所用的时间经温度补偿后,转换成可显示的距离,并转变为电流输出。

2.技术指标

供电电源:DC 12~24 V,0.1 A 波动;

信号电流:4~20 mA;

测量范围(液体):0.25~5 m(0.8~16.4 ft);

定向波束角:10°(-3 dB);

存储器:EEPROM 不要求电池;

程序操作:只需 2 键;

工作温度:连续工作:-40~60 ℃(-40~140°F);

传感器:在 110°(230°F)下工作 30 min(蒸汽);

如果金属安装架在-20℃(-4°F);

温度补偿:超出操作范围,内部补偿。

显示:①液晶显示;

②3 个 9 mm(0.35″)数字显示传感面和液面间的距离读数;

③多节图形代表着各种操作状态。

电流输出范围:4~20 mA;

增益:正比或反比;

精度:0.25%;

分辨率:3mm(0.125″);

负载:最大 600 Ω(DC 24 V 电流);

压力(密闭罐):200 kPa(2 bar 或 30 psi);

结构组成:探头与信号处理电路组合在一起。

①传感器外壳材料:TEFZEI。

②外壳安装:a.螺纹 2″NPT,2″BSP 或 PFI。

　　　　　 b.可选法兰适配器。

信号处理电路:材料:PVC。

3.安装和使用

超声波液位传感器安装方式有分夹持式和焊接式二种,如图 2.3.7~图 2.3.8 所示。

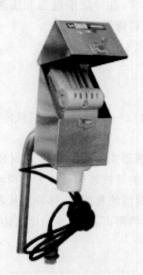

图 2.3.7　超声波传感器夹持式　　　　图 2.3.8　超声波传感器焊接式

SK-8C05L 超声波液位传感器(夹持式)安装在传感器安装架或管夹上。SK-8C05 超声波液位传感器(焊接式)将安装架底部的焊接块焊在适当的位置上。

注:SK-8C05L 和 8C05 超声波液位传感器安装方式不同,其余相同。

(1)安装环境。传感器应安装在指定温度范围区域,必须在外壳和内部的允许温度范围内进行接线、观察及校验等工作。注意:应将传感器远离高压电源线、接触器及可控硅整流控制电路等。

1)安装位置:安装时注意声波传播路线应无障碍且垂直于液体表面。传感器安装时,要注意声波传播路线不要横穿在填装口、管线、焊口、梯子边等,也不要接触壁面。

2)安装。安装中,要保持传感器面与最高液位距离至少在 25 cm 以上。

3)内部接线。

a.将盖合上,凿开方便进线一边的电缆入口。

b.将盖打开。

c.穿入电缆。

d.连接好线。

e.在电缆入口处,紧固 1.1~1.7 N-N(10~15″)反扣螺丝,关上盖子。

4.维修和保养

该传感器注意保持清洁,不得有水汽及油污进入操作面板,一般安装在密封的防护盒罩住整个传感器,平常工作不需在外面。只有校验及调整时才打开保护盒罩。

该传感器安装在所测量最高液位上方约 0.25 m 为宜,否则液位会浸到传感器,造成传感器的损坏。

传感器信号电缆进线口要注意密封,防止水及其油污。

七、SK－8M 系列泥浆密度传感器

1.传感器工作原理

SK－8M01G,8M02G 泥浆密度传感器用于测量钻井泥浆密度,也可用于测量其他液体的密度。该测试仪具有精度高,重复性好等优点,适用于油田野外等各种恶劣环境下工作,是地质录井工作中一种新颖的密度传感器,也能用于其他工业领域。该传感器的测量部分采用美国 Rosemount 1151 型差压变送器技术,设有专门的温度补偿电路,再经过精心挑选、调整,因此有很好的温度特性。传感器采用二线制电路,由 $15\sim30$ V 直流供电,电路部分将敏感元件产生的电容变化转化成 $4\sim20$ mA 直流电流输出。

传感器主要部件采用不锈钢材料制成,保证传感器在泥浆池内长期使用。传感器主要由检测部分和转换放大电路部分组成。

(1)检测部分。检测部分由测量元件和传压系统组成。传压系统主要由充满硅油的压力测量头和导压毛细管组成密封系统。测量元件是检测部分的核心(见图 2.3.9)。有预张紧力的检测膜片 2 作为可动极板,它和两个固定弧形极板 4 形成电容 C_1,C_2。当被测压力 P_1,P_2 作用在压力测量头的隔离膜片 6 时,经导压毛细管内的溶液将 P_1,P_2 传递到测量元件的隔离膜片 2 上,再经其腔内所充液体传递到检测膜片 1 的两侧。当 $P_1=P_2$ 时,$C_1=C_2$,检测膜片在中间位置;$P_1\neq P_2$,即有压差 ΔP 存在,检测膜片产生 Δd 位移,$C_1\neq C_2$ 经转换,放大成 $4\sim20$ mA 电流信号输出。

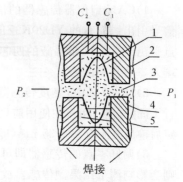

图 2.3.9　测量元件结构原理图

(2)转换部分。转换部分的电路做在几块线路板上,靠接插件连接,装卸方便,易于检修。线路板(见图 2.3.10)装在躯壳 5 的一端,躯壳的另一端装有接线板 b 用来连接电源及电流表等,躯壳两端用盖 1 及"O"形密封圈(7)出封;躯壳的一侧设有调零轴 12 及调量程轴 13 在铭牌 14 的后面,可以方便地在变送器外部进行调零、调量程。

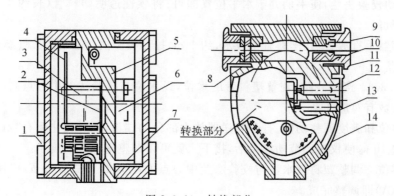

图 2.3.10　转换部分

2.技术指标

外形尺寸:高 2 070 mm×宽 170 mm×厚 120 mm;

测量范围:0.90~2.5 g/cm³;

输出电流值:4~20 mA;

测量精度:≤量程的±1%(包括线性、变差和重复性在内的综合误差);

线性:≤所调校量程的±1%;

灵敏度:≤0.01 g/cm³;

稳定性:≤最高测量范围的2%/六个月;

工作温度:−40℃~+80℃;

温度影响:≤±3%(20℃~80℃);

电源电压:DC 15~30 V。

3.安装和使用

(1)安装。

1)CAN型仪器传感器的信号引出线,配有 YD20K3TP 三芯航空插头,与 CAN 节点输入信号引出线配有的 YD20K3ZP 三芯航空插座相连接进入 CAN 总线节点,然后 CAN 总线节点引出 5~15 m 带屏蔽的四芯信号分支电缆,以 RS4151−0/9 针形插头接至 T 形三通接头下端入口的孔座的插口。

2)SK−8M01G 密度传感器的零位、量程、线性、阻尼等参数在出厂时已严格调试与检验并进行了固定封装,用户在使用前只需将传感器垂直放入清水中(两膜片必须都浸入水中)10 min 稳定后输出电流应为 4.35 mA(即密度为 1 g/cm³),若偏差较大可略调零位“Z”电位器。

3)调好零点的传感器即可在泥浆池内安装,上下法兰必须全部浸入泥浆池,不能倾斜,否则会影响测量结果。传感器放入的深度不影响测量结果,但转换部分应留在泥浆外部,距离泥浆面至少 300 mm。

(2)调校。

1)校验法兰安装方法:

· 卸下下法兰的不锈钢防护罩,并收好;

· 将校验法兰的三个缺口对准下法兰的固定块,放入校验法兰,注意放气螺丝应处于上方,顺时针转动校验法兰,使手柄处于水平位置即可;将软性透明塑料管(长约 1.2 m)接在塑料管接头上即可。

2)将传感器垂直放置,在塑料管中放水,约 1 m,拧开校验法兰上端的放气螺丝,放气至水溢出为止,拧紧。

3)按图 2.3.11 接通线路,调整塑料管的水位,设水位与校验法兰中心点高度为 H,则 H 与电流计的读数有对应关系。

4)激活零位和满度调整功能:打开变送器放大部分的端盖,同时按住标有“Zero”“span”字母的两个按钮 10 s,使仪表调节功能激活,接下来就可以调整零点和满度了。

5)调整零位。调整塑料管水位与校验法兰中心点的距离 H 为 270 mm,按住“Zero”按钮 5 s,零点(4 mA)即调整完成。

6)调整量程,调整 H 为 750 mm,按住“span”按钮 5 s,量程(20 mA)即完成设置。

7)用户长期使用后需对零点、量程进行重新调整。

4.维修和保养

(1)使用前拆卸校验法兰,应检查传感器外表是否完好,传压膜片有无损伤,电流输出是否正常,如有故障可检查加接电缆是否断线或短路,测试仪上插头是否松动,直流电源是否正常。

(2)传感器应直立于泥浆池中,否则会影响测量结果。

(3)传感器的两个法兰盘要经常冲洗,若清洗不及时,淤泥堵塞法兰盘则影响测量结果。

(4)传感器的电源线不能接在测试端上,否则会烧坏测试端上并接的二极管。若不小心烧坏了该二极管,可将两个测试端短接,传感器可正常工作。

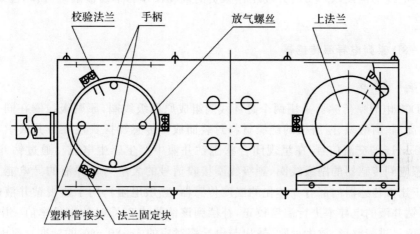

图 2.3.11 接通线路

八、SK－8W01A/8W02A 系列温度传感器

1.传感器工作原理

SK－8W01A 温度传感器是用铂金属丝制成的测温电阻器,可用来测量泥浆液体的温度。配有防碰撞的金属外罩架,具有精度高,分辨率好,安全可靠,使用方便等优点,也可以直接测量各种生产过程中的液体、蒸汽和气体介质的温度。本传感器是利用金属在温度变化时,自身电阻也随着变化的特性来测量温度的,它的受热元件是利用细铂丝均匀地双绕在绝缘材料制成的骨架上。

2.技术指标

感温元件在 0℃时的电阻值(R_0)及其与在 100℃时的阻值(R_{100})的比值:

$$R_0 = 100 \pm 0.1, \quad R_{100}/R_0 = 1.385 \pm 0.001$$

测温范围:0～100℃;

时间常数:<90 s;

最小插入深度:>160 mm;

绝缘电阻:20 MΩ (100 V);

SK－8W01A/02A 经电流转换模块,其输出是 4～20 mA 二线制电流信号;

测量精度:±0.5% FS。

3.使用

(1)本传感器可兼容替代进口同类型的温度传感器。

(2)传感器用于测量泥浆温度,可分为进口温度传感器和出口温度传感器,区别仅在外形尺寸。

（3）泥浆进口温度传感器可用固定架固定于泥浆泵进口处的泥浆池内；泥浆出口温度传感器可用固定架固定于出口泥浆槽或振动筛的槽内。

4.维修和保养

（1）泥浆黏附于传感器上，要及时清洁，保证传感器可靠、准确运行。

（2）加接电缆的铺设以不妨碍井场工作人员的现场操作和不易被砸碰、损坏且架设安全可靠为原则。

九、SK－8D系列电导率传感器

1.传感器工作原理

SK－8D03电导率传感器采用两个磁环线圈组成原副级线圈，原副级线圈在同一轴线上，外壳采用耐高温、耐酸碱、耐磨损的绝缘材料封装而成。传感器探头浸在钻井液中，在原级线圈中通过20 kHz的交流信号，在呈现闭合状态钻井液中产生感生电流。通过钻井液中的感生电流，再感应到传感器的副级线圈，副级线圈接收信号的大小与钻井液的导电能力（即电导率）大小成正比。传感器内部有一体化的温度传感器（热敏电阻），用于监视钻井液的温度，对被测温度下钻井液的电导率进行温度校正，补偿到该钻井液25℃时的电导率值。电导率变送器对传感器信号进行整形、放大处理，输出与电导率对应的4～20 mA的标准直流电流信号。

2.技术指标

使用对象：液体

测量范围（线性测量）：0～250 ms/cm或0～50 ms/cm任选；

输出范围：DC 4～20 mA；

电源：工作电源为DC 24 V；

温度范围：传感器工作温度－30～＋70℃；

湿度范围：相对湿度＜90％；

响应时间：响应时间不大于1 s；

测量精度：满量程的±1％；

线　　性：满量程的1％；

防爆等级：dibⅡBT4。

3.安装和使用

（1）安装。SK－8D03电导率传感器经制作成一体化装置，安装很方便，只需把下半部的传感器部件放入待测液体中，再用支架固定，接上电缆便能工作。

（2）使用操作。

1）零位调整。本装置使用时，若零位偏离，可以按以下方法调整零位。

调整零位应先洗净传感器探头，再接上电源，并串入电流表（若测量电压，就串入负载电阻，电阻两端接上测量电压表，测得电压除以电阻值就是输出电流值。推荐用100 Ω负载电阻），再调节变送器外壳上的调零螺丝，使变送器输出为4 mA。

2）量程调整。量程在出厂前都已调整在合格位置上，一般用户不要再作调整，但是如果在长时期工作以后，为了获得更好的准确度，则可按下列步骤调整量程。

①不接热敏电阻，即松开棕色线、蓝色线的插脚，再在变送器上接上100 kΩ标准电阻，这

时变送器为 25℃的电导率值。

②用一根导线穿过传感器中心孔,导线两端接在电阻箱上,形成环形电阻回路。

③接上所要求的电源,在电源上串入一只检测用电流表。

④以上准备工作完成后,先校正零位,即当环阻 $R_L=\infty$ 时,输出为 4 mA,零位偏离应调节变送器外壳上的调整零位螺丝,使输出为 4 mA。

⑤接上电阻箱,使环阻 $R_L=1.8\ \Omega$,这时输出应为(20±0.16) mA,若偏离就卸下电路组件调节有标记的 3 296 型量程电位器,使之输出为 20 mA。

⑥重复④⑤的过程,直到输出零位和满度值为合格范围。

3)线性测试检查见测试接线图。

(3)输出电流与电导率的关系式。电导率与输出电流是对应线性的,输出电流 I(mA)与电导率由下式表示:

$$\sigma = 15.625(I-4)\ \text{ms/cm(量程 250 ms/cm)}$$

$$\sigma = 3.125(I-A)\ \text{ms/cm(量程 50 ms/cm)}$$

(4)输出电流与校验用环阻的对应值:

R_L	I	R_L
9 kΩ	4 mA	9 kΩ
144 Ω	5 mA	28.8 Ω
72 Ω	6 mA	14.4 Ω
36 Ω	8 mA	7.2 Ω
18 Ω	12 mA	3.6 Ω
12 Ω	16 mA	2.4 Ω
9 Ω	20 mA	1.8 Ω
50 ms/cm		250 ms/cm

4.维修和保养

SK-8D03 电导率传感器由变送器及探头两大部分组成,探头带有可拆卸的保护罩,可防止探头意外受损,并保证测量的准确性,因此投入使用前,一定要注意装上保护罩,并注意在测量过程中不使异物进入护罩(如温度传感器)。探头的污染及泥皮影响测量的准确性,因此每次使用完毕后,应注意立即将附着的泥浆冲洗干净。探头上带有干涸的泥浆就投入使用是不能允许的。SK-8D03/04 电导率传感器投入使用前应检查零位及满度,必要时,进行线性测试检查。

十、SK-8Y 系列压力传感器

1.传感器工作原理

其敏感元件采用了干式陶瓷压阻芯片。由于陶瓷是一种抗腐蚀、抗磨损、抗冲击和振动的材料,陶瓷的热稳定性及其厚膜电阻可以使它工作温度范围达-40~125℃,而且具有测量公差精度、高稳定性。这些性能使得基于这种元件的压力传感器产品,具有很强抗腐蚀、抗冲击、抗磨损的特性,它的敏感膜片可以与绝大多数的介质直接接触。其稳定性高达每年优于0.2%FS,温度,温度影响通常优于 0.01%FS/℃。线性度可以达 0.2%FS,纯净的陶瓷基体,无任何填充液,不会产生工艺污染。因此,SK-8Y00A 系列压力传感器可以被广泛地应用在工业控制、矿山、油田、食品、汽车、医用秒表等众多行业。

该产品的输出统一采用了 4~20 mA 二线制的工业标准,其外壳采用耐腐蚀不锈钢以及德国 Hirschmann 接头。防护等级可达 IP65。

2. 技术指标

电源电压:DC 15~36 V;

输出信号:4~20 mA;

连接:二线制;

线性和迟滞:≤0.5％FS(25℃);

稳定性:±0.5％ FSO/年;

工作温度范围:-40~85℃;

温度影响:≤±0.015％ FS/℃;

电气线路保护:极性保护和过电流保护。

3. 安装和使用

连接:该传感器可直接安装在合适的螺纹接口上,安装位置对测量没有影响,为了达到 CE 标准,必须使用屏蔽电缆,电缆的屏蔽层必须接通机壳和大地。

4. 维修和保养

SK-8Y00A 系列压力传感器的电气元件采用表面贴表技术(SMT),使得该产品有较高的可靠性和抗振性能,电路采取了极性保护和过电流保护措施,这样使得该传感器出故障的概率变得很小。万一出了问题一般可以通过更换电路板等元件器件来解决,但这种维修一般在现场是很困难的,只能将产品发回公司解决。

5. 传感器的调整

K-8Y00A 系列传感器内有两个电位器可以用来调整零点和满度输出,拔下 Hirschmann 接头和传感器后端盖可以看到。如果需要调整传感器的零点和满度,可以接好线。将压力传感器接通标准压力源,当压力为零时,调节调零电位器,使输出电流为 4 mA,再把压力源调到所测压力传感器满量程的相应压力,调节满度电位器使输出电流为 20 mA,再这样重复 1~2 次即可完成。

SK-8Y00A 系列压力传感器,包括下列不同量程的产品:

SK-8Y01A   6 MPa

SK-8Y04A   40 MPa

SK-8Y05A   1.6 MPa

SK-8Y03A   20 MPa

十一、QB2000 型 H_2S 传感器

1. 传感器工作原理

H_2S 传感器采用半导体检测原理,根据 H_2S 气体吸附在半导体敏感元件上的多少,敏感元件的电阻特性发生相应改变。无 H_2S 气体时,敏感元件的电阻值接近于无穷大,随着 H_2S

气体浓度的增加,敏感元件阻值逐渐变小,达到满量程时,阻值接近 5 kΩ。S214 - 4K H_2S 气体变送器将电阻变化信号转变为 4～20 mA 电流信号。由于采用半导体敏感材料,如果受潮将产生误信号,所以为预防潮湿,H_2S 传感器设有加热和温控装置。加热电源由 SCP 的 H_2S 板提供 24 V 脉冲供电,进行不间断循环加热。

2.技术指标

环境温度:$-30℃\sim+60℃$;

相对湿度:$\leqslant90\%$R.H;

工作电压:DC 24($1\pm15\%$) V;

工作电流:120 m;

输出信号:4～20 mA 两线制输出;

传感器:电化学传感器;

外形结构、质量:精铸铝外壳 1 200 g;

使用电缆:RVVP2×1.5 mm^2 或 3×1.5 mm^2;

防爆形式:隔爆型 防爆标志 Ex d Ⅱ CT6。

3.安装和使用

H_2S 传感器分别安装在钻台井口、架空槽泥浆出口、脱气器气路管汇等处,选择可靠的固定部位,防止泥浆、雨水等对探头造成的污染,同时应避免强烈的外力冲击。待传感器通电加热完毕后,方可取下干燥器,工程检修、起下钻、中途作业时若传感器断电时,对其进行干燥保养。

4.维修和保养

传感器的防尘网要定期清理(用压缩空气吹扫),否则灰尘杂质堵塞防护孔会影响检测的灵敏度。

传感器需每隔 6～12 个月标定一次。

传感器内有酸性溶液,用户不要拆卸。如果操作不当,传感器内部酸性溶液泄露到皮肤上,应及时用清水冲洗。

严禁带电或有爆炸性气体时打开壳体。

习题与思考题

1.熟记各种传感器的原理及安装位置。
2.说明各种传感器的作用。

第三篇　完井地质总结

地质录井资料是认识地下岩层、构造、油气水层客观规律的第一性原始资料。因此,在一口井完井后,需要认真、系统地整理、分析和研究在钻井过程中所取得的各项资料(包括中途测试和各种分析化验资料),同时还要综合各项地球物理测井资料,以及原钻机试油成果,对地下地质情况及油、气、水层做出评价性的判断,找出其规律,在各单项录井工作小结的基础上,对本井进行全面的地质工作总结,编制各种成果图,写出完井地质总结报告。

项目一　录井资料的整理

地质录井最根本的任务就是取全、取准直接或间接反映地下地质情况的各项数据、资料,及时、准确发现油、气、水层,预测钻进过程中可能会遇到的各种井下复杂情况。不同的井别地质任务不同,因而录取资料的要求也不同。但不管录取的是什么资料和数据,都要对各项原始录井资料进行整理,去粗取精,便于进一步深入研究。

任务一　岩芯录井综合图的编制

岩芯录井综合图是在岩芯录井草图的基础上综合其他资料编制而成的。它是反映钻井取芯井段的岩性、含油性、电性、物性及其组合关系的一种综合图件。由于地质、钻井工艺方面的各种因素影响(如岩性、取芯方法、取芯工艺、操作技术水平等),并非每次取芯的收获率都能达到百分之百,而往往是一段一段的,不连续的。为了真实地反映地下岩层的面貌,需要恢复岩芯的原来位置。又因岩芯录井是用钻具长度来计算井深的,测井曲线则以井下电缆长度来计算井深,钻具和电缆在井下的伸缩系数不同,这样,录井剖面与测井曲线之间在深度上就有出入。而油气层的解释深度和试油射孔的深度都是以测井电缆深度为准的,因此要求录井井段的深度与测井深度相符合。因此在岩芯资料的整理、编图过程中,就按岩电关系把岩芯分配到与测井曲线相对应的部位中去,未取上岩芯的井段,则依据岩屑、钻时等资料及测井资料来判断未取上岩芯井段的地层在地下的实际面貌,如实地反映在综合图上。通常把这一项编制岩芯录井图的工作叫作岩芯"归位"或"装图"。

1. 准备工作

准备岩芯描述记录本,1∶50 或 1∶100 的岩芯录井草图和放大测井曲线。

编图前,应系统地复核岩芯录井草图,并与测井图对比。如有岩性定名与电性不符或岩芯倒乱时,需复查岩芯落实。

2.编图原则

以筒为基础,以标志层控制,破碎岩石拉、压要合理,磨光面、破碎带可以拉开解释,破碎带及大套泥岩段可适当压缩。每 100 m 岩芯泥质岩压缩长度不得大于 1.5 m;碎屑岩、火成岩、碳酸盐岩类除在破碎带可适当压缩外,其他部位不得压缩。最大限度地做到岩性和电性相吻合,恢复油层和地层剖面。

3.编图方法

(1)校正井深。编图时,首先要找出钻具井深与测井井深之间的合理深度差值,并在编图时加以校正。为了准确地找出深度差值,使岩性和电性吻合,就要选择统计编图标志层(岩性特殊、电性反应明显的层)。同时地质人员要掌握各种岩层在常用测井曲线上的反映特征,一般将正式测井图(放大曲线)和岩芯草图比较,选用连根割芯、收获率高的岩芯中的相应标志层(如灰岩、灰质砂岩、厚层泥岩或油层、煤层或致密层的薄夹层等)的井深(即岩芯描述记录计算出的相应标志层深度——钻具深度)与测井图上的相应界面的井深相比较,并以测井深度为准,确定岩芯剖面的上移或下移值。若标志层的钻具深度比相对应的测井标志层小,那么岩芯剖面就应下移,反之,就上移,使相应层位岩性、电性完全符合。

如测井曲线解释标志层灰质砂岩的顶界面深度为 1 648.7 m,比岩芯录井剖面的深度 1 648 m 要深 0.7 m,其差值为岩电深度误差,校正时要以测井深度为准,而把岩芯剖面下移 0.7 m。如果岩芯收获率低,还需参考钻时曲线的变化,求出几个深度差值,然后求其平均值,这个平均值具有一定的代表性。如果取芯井段较长,则应分段求深度差值,不能全井大平均或只求一个深度差值。间隔分段取芯时,允许各段有各段的上提下放值。深度差值一般随深度的增加而增加。

(2)取芯井段的标定。钻具井深与测井井深的合理深度差值确定以后,就可以标定取芯井段。取芯井段的标定应以测井深度为准。对一筒岩芯而言,该筒岩芯顶、底界的测井深度就是该筒岩芯顶、底界的钻具深度加上或减去合理深度差值。第一、二、三筒岩芯的合理深度差值为 0.26 m,第一筒岩芯的顶界钻具深度是 2 712.00m,那么归位后顶界深度应为 2 712.00+0.26=2 712.26 m 即第一筒岩芯顶界的位置就应画在测井深度 2 712.26 m 处。

(3)绘制测井曲线。测井曲线是根据测井公司提供的1:100标准测井放大曲线透绘而成的,或者计算机直接读取测井曲线数据自动成图。手工透绘时要求曲线绘制均匀、圆滑、不变形,深度及幅度偏移不得超过 0.5 m,计算机自动成图时数据至少为 8 点。两次测井曲线接头处不必重复,以深度接头即可,但必须在备注栏内注明接图深度及测井日期。如果曲线横向比例尺有变化或基线移动时,也需在相应深度注明。

(4)以筒为基础逐筒装图。岩芯剖面以粒度剖面格式按规定的岩性符号绘制,装图时以每筒岩芯作为装图的一个单元,余芯留空位置,套芯拉至上筒,岩芯位置不得超越本筒下界(校正后的筒界)。

(5)标志层控制。先找出取芯井段内最上一个标志层归位,依次向上推画至取芯井段顶部,再依次向下画。如缺少标志层,则在取芯井段上、中、下各部位选择几段连续取芯收获率高的岩芯,结合其中特殊岩性,落实在测井图上归位卡准,以本井的岩芯描述累计长度逐筒逐段装进剖面,达到岩电吻合。

(6)合理拉、压。对于分层厚度(岩芯长度)大于解释厚度的泥质岩类,可视为由于岩芯取至地面,改变了在井下的原始状态而发生膨胀,可按比例压缩归位,达到测井曲线解释的厚度,并在压缩长度栏内注明压缩数值。对破碎岩芯的厚度丈量有误差时,可分析破碎程度及破碎状况,按测井曲线解释厚度消除误差装图。若岩芯长度小于解释厚度,而且岩芯存在磨损面,可视为取芯钻进中岩芯磨损的结果。根据岩电关系,结合岩屑资料,在磨光面处拉开,使厚度与测井曲线解释厚度一致。

(7)岩层界线的划分。岩层界线的划分以微电极曲线为主,综合考虑自然电位、2.5 m底部梯度电阻率、自然伽马等曲线进行划分。用微梯度曲线的极小值和极大值划分小层顶、底界,特殊情况参考其他曲线。若岩电不符,应复查岩芯。复查无误时应保留原岩性,并在"岩性及油气水综述"一栏说明岩电不符,岩性属实。不同颜色同一岩性,在岩性剖面栏内不应画出岩性分界线;同一种颜色不同岩性,在颜色栏中不应画出颜色分界线。

(8)岩芯位置的绘制。岩芯位置以每筒岩芯的实际长度绘制。当岩芯收获率为100%时,应与取芯井段一致。当岩芯收获率低于100%或大于100%时,则与取芯井段不一致;为了看图方便,可将各筒岩芯位置用不同符号表示出来。第一筒为细线段,第二筒为粗线段,第三筒又为细线段……

(9)样品位置标注。样品位置就是在岩芯某一段上取供分析化验用的样品的具体位置。在图上标注时,用符号标在距本筒顶界的相应位置上。根据样品距本筒顶界的距离标定样品的位置时,其距离不要包括磨光面拉开的长度,但要包括泥岩压缩的长度。样品位置是随岩芯拉、压而移动的,因此样品位置的标注必须注意综合解释时岩芯的拉开和压缩。

(10)岩性厚度标注。在岩芯录井综合图中,除泥岩和砂质泥岩外,其余的岩性厚度均要标注。当油层部分含油砂岩实长与测井解释有明显矛盾时,综合解释厚度与测井解释厚度误差若大于 0.2 m,应在油、气层综合表中的综合解释栏内注明井段。

(11)化石、构造、含有物、井壁取芯的绘制。化石、构造、含有物、井壁取芯均按统一规定的符号绘在相应深度上。绘制时应与原始描述记录一致,还应考虑压缩和拉长。

(12)分析化验资料的绘制。岩芯的孔隙度、渗透率等物性资料,均由化验室提供的成果按一定比例绘出。绘制时要与相应的样品位置对应。

(13)测井解释和综合解释成果的绘制。测井解释成果是由测井公司提供的解释成果用符号绘在相应的深度上。综合解释成果则是以岩芯为主,参考测井资料、分析化验资料以及其他录井资料对油、气、水层做出的综合解释。绘制时也用符号画在相应深度上。

(14)颜色符号、岩性符号的绘制。颜色符号、岩性符号均按统一图例绘制。岩芯拉开解释的部分只标岩性、含油级别,但不标色号。最后,按照要求将检查、修改、整理、绘制图例等工作做完,就完成了岩芯录井综合图的编绘工作。至于碳酸盐岩岩芯录井综合图的编绘,其编绘原则和方法与一般的岩芯录井综合图的编绘方法大体相同,只是项目内容上略有不同。

任务二　岩屑录井综合图的编制

岩屑录井综合图是利用岩屑录井草图、测井曲线,结合钻井取芯、井壁取芯等各种录井资料综合解释后而编制的图件。深度比例尺采用1∶500。由于岩屑录井和钻时录井的影响因素较多,因此在取得完钻后的测井资料后,还需进一步依据测井曲线进行岩屑定层归位。分层深度以测井深度为准,岩性剖面层序以岩屑录井为基础,结合岩芯、井壁取芯资料卡准层位。

1. 准备工作

准备岩屑描述记录本,1∶500的岩屑录井草图和测井曲线。

2. 校正井深

选取在钻时曲线、测井曲线(主要是利用2.5 m底部梯度视电阻率、自然电位、双侧向、自然伽马等曲线)都有明显特征的岩性层来校正,把录井草图与测井曲线的标志层进行对比,找出二者之间深度的系统误差值,然后决定岩性剖面应上移或下移。如测井深度比录井深度小,应把剖面上移,如测井深度比录井深度大,应把剖面下移(具体方法与岩芯录井综合图的校正方法相似)。

3. 编绘步骤

(1)按照统一图头格式绘制图框。若个别栏内曲线绘制不下,可适当增加宽度。

(2)标注井深。在井深栏内每10 m标注一次,每100 m标注全井深。完钻井深为钻头最终钻达井深。

(3)绘制测井曲线。测井曲线是根据测井公司提供的1∶500标准测井曲线透绘而成的,或者计算机直接读取测井曲线数据自动成图。其他要求和方法与岩芯录井图中的绘制测井曲线的要求和方法相同。

(4)绘制气测、钻时曲线及槽面油、气、水显示。气测、钻时曲线是用综合录井仪或气测录井仪所提供的本井气测钻时资料,选用适当的横向比例尺,分别在气测、钻时栏内相应的深度点出气测、钻时值,然后用折线和点画线分别连接起来。或者由计算机读取气测、钻时数据,实现自动成图。绘制槽面油、气、水显示时,应根据测井与录井在深度上的系统误差,找出相应层位,用规定符号表示。

(5)绘制井壁取芯符号。井壁取芯用统一符号绘出,尖端指向取芯深度。当同一深度取几颗芯时,仍在同一深度依次向左排列。一颗芯有两种岩性时,只绘主要岩性。综合图上井壁取芯总数应与井壁取芯描述记录相一致。

(6)绘制化石、构造及含有物符号。化石、构造及含有物用符号在综合图相应深度上表示出来。少量、较多、富集分别用"1""2""3"表示。绘制时,可与绘制岩性剖面同时进行。

(7)绘制岩性剖面。岩性剖面综合解释结果按粒度剖面基本格式和统一的岩性符号绘制。在一般情况下,同一层内只绘一排岩性符号,不必画分隔线。但对一些特殊岩性,如灰岩、白云岩、油页岩等应根据厚度的大小适当加画分隔线。

(8)标注颜色色号。颜色色号也按统一规定标注。如果岩石定名中有两种颜色时,可并列两种色号,以竖线分开,左侧为主要颜色,右侧为次要颜色。标注色号往往与岩性剖面的绘制同时进行。

(9)抄写岩性综述。把事先已写好的岩性综述抄写到综合图上,要求字迹工整,文字排列疏密得当。

(10)绘制测井解释成果。根据测井解释成果表所提供的油、气、水层的层数、深度、厚度,按统一图例绘制到测井解释栏内。

(11)绘制综合解释成果。综合解释的油、气、水层也按统一规定的符号绘制。绘制时应与报告中的综合解释数据一致。最后,写上地层时代,绘出图例,并写上图名、比例尺、编绘单位、编绘人等内容,一幅完整的岩屑录井综合图就绘制完了。绘制录井综合图时,并不一定非要根据上述步骤按部就班地进行。可以从实际情况出发,灵活掌握,穿插进行。此外,碳酸盐岩的岩屑录井综合图编制方法与上述基本相同,只是内容上略有差别。随着计算机技术的应用,大多数的录井公司均已利用计算机来编制岩芯、岩屑录井图,实现了计算机化,提高了工作效率。但是由于受地质、钻井工艺等多种因素的影响,计算机尚不能完全自动解释岩性剖面和油气水层,还需要人工干预。

4.综合剖面的解释

综合剖面的解释是在岩屑录井草图的基础上,结合其他各项录井资料,综合解释后得到的剖面。它与岩屑录井草图上的剖面相比,更能真实地反映地下地层的客观情况,具有更大的实用价值。

(1)解释原则。

1)以岩芯、岩屑、井壁取芯为基础,确定剖面的岩性,利用测井曲线卡准不同岩性的界线,同时必须参考其他资料进行综合解释。

2)油气层、标准层、标志层是剖面解释的重点,对其深度、厚度均应依据多项资料反复落实后才能最后确定。

3)剖面在纵向上的层序不能颠倒,力求反映地下地层的真实情况。

(2)解释方法。

1)岩性的确定:岩性确定必须以岩芯、岩屑、井壁取芯为基础,其他资料只作参考。具体确定方法是,首先将录井剖面与测井曲线进行比较,查看哪些岩性与电性相符,哪些不符(应考虑测井与录井在深度上的深度误差);然后把录井剖面中的岩性与电性相符的层次,逐一画到综合剖面上去。这些层次即为综合解释后的岩性。对录井剖面中的岩性与电性不符者,可查看录井剖面中该层次上、下各一包岩屑中所代表的岩性。若这种岩性与电性相符合,即可采用为综合剖面中该层的岩性;若上、下各一包的岩性均与电性不符,又无井壁取芯资料供参考,则应复查岩屑。确定岩性时,一般岩性单层厚度如果小于 0.5 m,可不进行解释,可作夹层理;但标准层、标志层及其他有意义的特殊岩性层,尽管厚度小于 0.5 m,也应扩大到 0.5 m 进行解释。

2)分层界线的划分:综合解释剖面的深度以 1:500 标准曲线的深度为准,故地层分层界线的划分也以标准测井曲线的 2.5 m 底部梯度、自然电位、自然伽马(碳酸盐岩或复杂岩性剖面时)等曲线为主,划分各层的顶、底界。必要时也参考组合测井中的微电极等测井曲线。具体确定方法是,以 2.5 m 底部梯度曲线的极大值和自然电位的半幅点划分高阻砂岩层的底界,而以 2.5 m 底部梯度曲线的极小值和自然电位的半幅点划分高阻砂岩层的顶界。对一些特殊岩性层及有意义的薄层,标准曲线上不能很好地反映出来,可根据微电极或其他曲线划出分层界线。对测井解释的油、气层界线,根据测井解释成果表提供的数据在剖面上画出,并应与油、气层综合表数据一致。油层中的薄夹层,小于 0.2 m 的不必画出,大于 0.2 m 或者扩大为 0.5 m 画出。一般情况下不同岩性的分层界线应画在整格毫米线上,而测井解释的油、气层界线则不一定画在整格毫米线上,以实际深度画出即可。

(3)解释过程中几种情况的处理。

1)复查岩屑:复查岩屑时可能出现三种情况:一是与电性特征相符的岩性在岩屑中数量很少,描述过程中未能引起注意,复查时可以找到;二是描述时判断有错,造成定名不当;三是经过反复查找,仍未找到与电性相符的岩性。对前两种情况的处理办法是,综合剖面相应层次可采用复查时找到的岩性,并在描述记录中补充复查出的岩性。对最后一种情况的处理应持慎重态度,可再次仔细分析各种测井资料,把该层与上、下邻层的电性特征相比较,若特征一致,可采用邻层相似的岩性,但必须在备注栏内加以说明。

还有一种情况是经多次复查,并经多方面分析后,证实原来描述的正确,而测井曲线反映的是一组岩层的特征,其中的单层未很好地反映出来。此时综合剖面上仍采用原来所描述的岩性。复查岩屑时,一般应在相应层次的岩屑中查找。但由于岩屑捞取时,上返时间可能有一定误差,因此当在相应层次找不到需要找的岩性时,也可在该层的上、下各一包岩屑中查找,所找到的岩性(指需要找的岩性)仍可在综合剖面中采用。必须注意的是,绝不能超过上、下一包岩屑的界线,否则,解释剖面将被歪曲。

2)井壁取芯的应用:井壁取芯在一定程度上可以弥补钻井取芯和岩屑录井的不足,但由于井壁取芯的岩芯小,收获率受岩性影响较大,所以井壁取芯的应用有一定的局限性。井壁取芯与测井曲线和岩屑录井的岩性有时是符合一致的,有时也是不符合的,或不完全符合的。不符合时常有以下几种情况:井壁取芯岩性和岩屑录井的岩性不一致,而与电测曲线相符,这时综合解释剖面可用井壁取芯的岩性。另外一种情况是,井壁取芯岩性与岩屑录井的岩性一致,而与电测曲线不符,此时井壁取芯实际上是对岩屑录井的证实,故综合解释剖面仍用岩屑录井的岩性。第三种情况是,井壁取芯岩性与岩屑录井岩性不一致,且与电测曲线不符,此时井壁取芯岩性就作为条带处理。在油、气层井段应用井壁取芯时,尤其应当慎重,否则会造成油、气层解释不合理,给勘探工作带来影响。若井壁取芯岩性与岩屑录井的岩性、电性不符,可采用前面的办法处理。若井壁取芯的含油级别与原岩屑描述的含油级别不符,不能简单地按条带处理,应再复查相应层次的岩屑后,再作结论。

在实际应用井壁取芯资料时,将会遇到比前面所讲的更为复杂的情况。如同一深度取几颗岩芯,彼此不符;或者同一厚层内取几颗岩芯,彼此不符,等等。因此,在应用井壁取芯资料时,应当综合分析,仔细工作,才能做到应用恰当,解释合理。

3)标准测井曲线与组合测井曲线的深度有误差,且误差在允许的范围之内时,应以标准测井曲线的深度为准,即用 2.5 m 底部梯度电阻率曲线、自然电位曲线或自然伽马曲线划分地层岩性和分层界线。当 2.5 m 底部梯度曲线与自然电位曲线深度有误差(误差范围仍在允许范围之内)时,不能随意决定以某一条曲线为准划分地层界线,而应把这两条曲线与其他的曲线进行对比,看它们之中哪一条与别的曲线深度一致,哪一条不一致。对比以后,就可采用与别的曲线深度一致的那一条曲线,作为综合解释剖面的深度标准。

(4)解释过程中应注意的事项。

1)综合剖面解释的过程实质上就是分析、研究各项资料的过程。因此,只有充分运用岩屑、岩芯、井壁取芯、钻时及各种测井资料,综合分析,综合判断,才能使剖面解释更加合理,建立起推不倒的"铁柱子"。

2)应用测井曲线时,在同一井段必须用同一次测得的曲线,而不能将前后几次的测井曲线混合使用;否则,必将给剖面的解释带来麻烦。

3)全井剖面解释原则必须上下一致。若解释原则不一致,不仅会影响剖面的质量,还将使剖面不便于应用。

4)综合解释剖面的岩层层序应与岩屑描述记录相当。否则,应复查岩屑,并对岩屑描述记录作适当校正。在校正描述记录时,如果一包岩屑中,有两种定名,其层序与综合剖面正好相反,则不必进行校正。

5.岩性综述方法

岩性综述就是将综合解释剖面进行综合分层以后,用恰当的地质术语,概括地叙述岩性组合的纵向特征,然后重点突出、简明扼要地描述主要岩性、特殊岩性的特征及含油气水情况。

(1)岩性综述分层原则。在进行岩性综述时,首先应当恰当地分层,然后根据各层的岩性特征,用精炼的文字表达出来。分层时,一般应遵循下列原则:

1)沉积旋回分层:在岩性剖面上如果自下而上地发现有由粗到细的正旋回变化特征,或有由细到粗的反旋回变化特征,依据地层的这个特征就可进行分层。一般可将一个正旋回,或一个反旋回,或一个完整的旋回分成一个综述层,不应再在旋回中分小层。

2)岩性组合关系分层:在剖面中沉积旋回特征不明显时,常以岩性组合关系分层。

3)对标准层、标志层、油层及有意义的特殊岩性层或组段应分层综述。如生物灰岩段和白云岩段,应分层综述。

4)分层厚度一般控制在 50~100 m 之间,如果是大套泥岩或一个大旋回,其厚度虽大于100 m,也可按一层综述。

5)分层综述不能跨越各组段的地层界线。如胜利油田不能把馆陶组和东营组,或沙一段和沙二段分在同一层内综述。

(2)岩性综述应注意的事项。

1)叙述岩性组合的纵向特征时,对该段内的主要岩性及有意义和较多的夹层岩性必须提到,而对零星分布,不代表该段特征的一般岩性薄夹层,可不提及。但叙述中所提到的岩性,剖面中必须存在。一般的薄夹层无须说明层数,而特殊岩性层应说明层数。凡说明层数的应与剖面符合一致。

2)综述时,在每一个综述分层中,一般岩性不必每种都描述,或者同一岩性只在第一个综述分层中描述,以后层次如无新的特征,不必再描述;标准层,标志层,特殊岩性层,油、气层等在每一个综述分层中都必须描述。对各种岩性进行描述时,不必像岩屑描述那样细致、全面,只要抓住重点,简明扼要地说明主要特征即可。

3)在综述中,叙述各种岩性和不同颜色时,应以前者为主,后者次之。如浅灰色细砂岩、中砂岩、粉砂岩夹灰绿、棕红色泥岩这一叙述中,岩性是以细砂岩为主,中砂岩次之,粉砂岩最少;颜色则以灰绿色为主,棕红色次之。如果两种颜色相近,可用"及"表示,如棕及棕褐色含油细砂岩。同类岩性不同颜色可合并描述,如紫红、灰、浅灰绿色泥岩。同种颜色不同岩性则不能合并描述。如泥岩、砂岩、白云岩都为浅灰色,描述时不能描述成浅灰色泥岩、砂岩、白云岩,而应描述成浅灰色泥岩、浅灰色砂岩、浅灰色白云岩。但砂岩例外,不同粒级的砂岩为同一颜色时,可合并描述,如中砂岩,粗砂岩等。

4)要恰当运用有关地质术语,如互层、夹层、上部和下部、顶部和底部等。如果术语用得不当,不仅不能反映剖面的特征,而且还可能造成叙述的混乱。上部和下部是指同一综述层内中点以上或以下的地层。顶部和底部是指同一综述层顶端或底端的一层或几个薄层。夹层是指厚度远小于某种岩层的另一种岩层,且薄岩层被夹于厚岩层之中。如泥岩比砂岩薄得多,层数也仅有几层,都分布于厚层砂岩中,在叙述时,就可称砂岩夹泥岩。互层则是指两种岩性间互出现的岩层。根据两种岩性厚度相等、大致相等或不等,可分别采用等厚互层、略呈等厚互层、不等厚互层这些地质术语予以描述。

5)在综述岩性特征时,对新出现的和具有标志意义的化石、结构、构造及含有物应在相应层次进行扼要描述。

6)综述分层的各层上下界线必须与剖面的岩性界线一致。若内容较长,相应层内写不完需跨层向下移动时,可引出斜线与原分层线相连,避免造成混乱。

任务三　油、气、水层的综合解释

钻井的根本目的是找油、找气,要找油、找气就必须取全取准各项地质资料。油、气、水层的综合解释是完井地质资料整理的主要内容之一。通过分析岩芯、岩屑等各种录井资料、分析化验资料及测井资料,找出录井信息、测井物理量与储层岩性、物性、含油性之间的相关关系,结合试油成果对地下地层的油气水层进行判断,是综合解释的最终目的。油、气层解释合理,能够反映地下实际情况,就能彻底解放油、气层,把地下的油、气资源开采出来为人类服务;反之,如果解释不合理,就可能枪毙油、气层,使地下油、气资源不能开采出来,或者延期开采,以致影响整个油、气田的勘探开发。可见,做好完井后油、气层的综合解释,是一项十分重要的工作。

1.解释原则

(1)综合应用各项资料。综合解释必须以岩屑、岩芯、井壁取芯、钻时、气测、地化、罐装样、荧光分析、槽面油、气显示等第一性资料为基础,同时参考测井、分析化验、钻井液性能等项资料,经认真研究、分析后做出合理的解释。

(2)必须对所有显示层逐层进行解释。综合解释时,首先应对全井在录井过程中发现的所有油、气显示层逐一进行分析,然后根据实际资料做出结论。不能凭印象确定某些层是油、气层,而对另一些层则不做工作,随意否定。

(3)要重视含油级别的高低。要重视录井时所定的含油级别的高低,但不能简单地把含油级别高的统统定为油层,把含油级别低的一律视为非油层。事实上,含油级别高的不一定是油层,而含油级别低的也不一定就不是油层。因此,综合解释时一定要防止主观片面性,综合参考各项资料,把油层一个不漏地解释出来。

(4)槽面显示资料要认真分析,合理应用槽面油、气显示能在一定程度上反映出地下油、气层的能量。在钻井液性能一定的情况下,油、气显示好,说明油、气层能量大;油、气显示差说明油、气层能量小。但由于钻井液性能的变化,将使这种关系变得复杂。如同一油层,当钻井液密度较大时,显示不好,甚至无显示;而当钻井液密度降低时,显示将明显变好。因此,在应用槽面油、气显示资料时,要认真分析钻井液性能资料。

(5)正确应用测井解释成果。测井解释成果是油、气层综合解释的重要参考数据,但不是唯一的依据,更不能测井解释是什么就是什么,测井未解释的层次,综合解释也不解释。常有这样的情况,测井解释为油、气层的层,经综合解释后不一定是油、气层;或者测井未解释的层,经分析其他资料后,可定为油、气层。

(6)对复杂的储集层要做具体分析。对"四性"关系不清楚的特殊岩性储集层,测井解释的准确性较低,有时会把不含油的层解释为油层,或者油层厚度被不恰当地扩大。在这种情况下,不应盲目地把凡是测井解释为油层的层都解释为油层,且在剖面上画上含油的符号,或者不加分析地把原来较小的厚度扩大到与测井解释的厚度相符。此时,应进一步综合分析各项资料,反复核实岩性、含油性及其厚度,然后进行综合解释,并在综合图剖面上画以恰当的岩性、厚度及含油级别。

2.解释方法

(1)收集相关资料。收集邻井地质、试油及测井等资料,熟悉区域油气层特点,掌握油气水层在录井资料、测井曲线上的响应特征。

(2)准备数据。对录井小队上交的录井数据磁盘进行校验。校验时遇以下情况要对存盘数据进行修正。

1)原图上显示的数据应与磁盘中的数据相吻合,若不吻合应查明原因,逐一落实清楚;

2)草图、录井图中绘制数据已做修改,应检查修改是否合理;

3)发现数据异常、不准确,应查各项原始记录,落实数据的准确性;

4)深度重复或漏失;

5)气测有显示的层位,应判断显示的真实性;

6)后效测量数据是否完整、准确。

(3)深度归位。以测井深度为标准,根据标志层校正录井数据。各项录井数据,特别是显示层段的各项数据的深度归位,关系到录井数据的计算机解释成果的好坏和成果表数据的生成。对这类数据应考虑层位、深度的一致性与对应性。

(4)加载分析化验数据(磁盘数据)。将经过深度校正后的各项资料、数据加载到解释库中。

(5)分析目标层。对在各项录井资料、测井资料上有油气水显示的层及可疑层进行分析研究,根据其显示特征,结合邻井或区域上油气水层的特点做出初步评价。

(6)综合解释。按油气水层在各种资料上的显示特征进行综合解释,或利用加载到解释数据库中的数据,依据解释软件的操作说明进行解释得出结果,再结合专家意见进行人工干预,最后定出结论,自动输出成果图和数据表。特别值得注意的是,一些特殊情况必须给予充分的考虑:

1)录井显示很好,测井显示一般。这种情况往往是稠油层、含油水层、低阻油层的显示,测井容易解释偏低,而录井则容易偏高。

①稠油层、含油水层的岩芯、岩屑、井壁取芯常常给人含油情况很高的假象,这时应侧重其他录井信息如气测、罐顶气、定量荧光、地化等多项资料的综合分析,以获得较符合实际的结果。

②低阻油层的电阻率与邻井水层比较接近,测井解释容易偏低。这时应侧重录井资料及地区性经验知识的综合应用,否则容易漏掉这类油层。

2)电性显示好,录井显示一般。这种情况通常是气层或轻质油层的特征,岩芯、岩屑、井壁取芯难以见到比较好的油气显示。这时应多注意分析气测、罐顶气、测井信息,否则容易漏掉这部分有意义的油层。

3)录井和测井显示都一般,但已发生井涌、井喷,喷出物为油气。这种情况往往是薄层碳酸盐岩油气层、裂缝性、孔洞性油气层的特征。这类储层一般均具有孔隙和裂缝双重结构,裂缝又具有明显的单向性,造成测井解释评价难度大。这时根据录井情况可大胆解释为油层或气层。

4)录井、测井显示一般,但显示层所处构造位置较高,且在较低部位见到了油层或油水同层。这种情况可解释为油层。

5)对于厚层灰岩、砾石层,其电性特征不明显,一般为高电阻,受电性干扰,测井解释难度大。这时应注重考虑岩石的含油程度、孔洞、裂缝等发育情况,最后做出综合解释。总之,油气水层的综合解释过程是一个推理与判断的过程,并不是对各项信息等量齐观,也不是孤立地对某一单项信息的肯定与否定,而是把信息作为一个整体,通过分析信息的一致性与相异处,辩证地分析各项信息之间的相关关系,揭示地层特性,深化对地层中流体的认识,提供与地层原貌尽量逼近的答案,排除多解性。在推理与判断的过程中要注意各种环境因素的影响而导致综合信息的失真,同时还要注意储集层特性与油气水分布的一般规律与特殊性。特别是复式油气藏,由于沉积条件与岩性变化大、断层发育、油水分布十分复杂,造成各种信息的差异性。如果不注重这些特点,仅仅使用一般规律进行分析就容易出现判断上的失误。

任务四　填写附表

1.钻井基本数据表(一)

填写内容按设计或实际发生的情况来填写,主要有:①地理位置;②区域构造位置;③局部构造;④测线位置;⑤钻探目的;⑥井别;⑦井队;⑧大地坐标;⑨海拔高度;⑩设计井深,按地质设计填写;⑪完钻井深;⑫完钻依据:完成钻探任务、达到设计目的或事故完钻及因地质需要提前完钻;⑬完井方法:裸眼完成法、套管完成法、射孔完成法、尾管完成法、筛管完成法、预应力完成法、先期防砂缠丝筛管完成法、不下油层套管完成法;⑭开钻、完钻、完井日期;⑮井底地层;⑯钻井液使用情况:井段、相对密度、黏度。

2.钻井基本数据表(二)

填写内容主要有:①地层分层:填写钻井地质分层,界、系、统、组、段;②油气显示统计:岩性柱状剖面中所解释的各种级别含油气层的长度,分组或分段进行统计填写。

3.钻井基本数据表(三)

填写内容主要有:①地层时代:填写组(段);②综合解释油气层统计:按综合解释的油、气层等分别填写厚度和层数;③缝洞情况统计:按不同时代地层填写不同级别的缝洞段长度;④套管数据(表层、技术、油层):套管尺寸外径、壁厚、内径、套管总长、下入深度、套管头至补芯距,联入、引鞋、不同壁厚下深、阻流环深、筛管井段和尾管下深;⑤井斜情况:最大井斜(深度、方位、斜度)、阻流环位移、油层顶、底位移;⑥固井数据(表层、技术、油层固井):水泥用量、替钻井液量、水泥浆平均相对密度、水泥塞深度、试压结果、固井质量。

4.地质录井及地球物理测井统计表(四、五)

填写内容主要有:①钻井取芯:层位,取芯井段、进尺、芯长、收获率,取芯次数;②井壁取芯;③岩屑录井、钻时录井情况;④气测录井情况;⑤荧光录井情况;⑥钻井液录井情况;⑦钻杆测试;⑧电缆测试;⑨地球物理测井情况。

5.钻井取芯统计表(六)

填写内容主要有:①层位:用汉字填写组(段);②井段、进尺、芯长;③次数:即筒次;④收获率;⑤不含油气岩芯长度;⑥含油气岩芯长度。

6.气测异常显示数据表(七)

填写内容主要有:①序号;③层位;③异常井段;④全烃含量;⑤比值:最大值与基值的比值;⑥组分分析;⑦非烃;⑧解释成果。

7.岩石热解地化解释成果表(八)

填写内容主要有:①序号;②井段;③岩性;④S_0、S_1、S_2分析值;⑤解释成果。

8.地层压力解释成果表(九)

填写内容主要有:①序号;②井段;③层位组(段);④"d"指数;⑤压力梯度。

9.碎屑岩油气显示综合表(十)

填写内容主要有:①序号;②层位;③井段;④厚度(归位后的厚度);⑤岩性:显示段主要含油气岩性;⑥含油岩屑占定名岩屑的含量;⑦钻时;⑧气测:显示段最大全量值和甲烷值;⑨钻井液显示:相对密度和漏斗黏度的变化值(如无变化填写恒定值),油、气泡分别填写占槽面百分比、槽面上涨高度;⑩荧光显示:填写该层最好的荧光检查显示颜色和系列对比级别;⑪井壁取芯:分别填写含油、荧光及不含油的颗数;⑫含油气岩芯长度:岩芯归位后对应显示层的各含油、含气岩芯的长度;⑬浸泡时间;⑭测井参数及解释成果;⑮综合解释成果。

10.非碎屑岩油气显示综合表(十一)

填写内容主要有:①序号、层位、井段、厚度、井壁取芯;②钻井显示:井深、放空井段、井漏过程中钻井液总漏失量、喷出物及喷势和喷高;③钻井液显示;④含油气岩芯长度;⑤浸泡时间;⑥井壁取芯:显示层含油气或不含油气井壁取芯颗数;⑦测井参数及解释成果,综合解释成果。

11.电缆重复(RFT)测试数据表(十二)

填写内容主要有:①序号;②测试层位(组、段);③测点井;④测点的温度;⑤测前钻井液静压、测后钻井液静压、地层压力;⑥测前钻井液密度,测后钻井液密度;⑦地层压力系数(即地层压力值与该点静水柱压力值之比)。

12.钻杆测试(DST)数据表(十三)

填写内容主要有:①测试日期;②测试仪器类型;③油气显示井段;④一开时间、二开时间、三开时间;⑤油、气、水累计产量;⑥油、气、水的日产量;⑦原油相对密度;⑧原油动力黏度;⑨原油凝点;⑩原油含水;⑪天然气甲烷、乙烷、丙烷、丁烷;⑫地层水氯离子、总矿化度;⑬水型;⑭地层水 pH 值。

13.地温梯度数据表(十四)

填写内容主要有:①序号;②层位;③井深;④测量点温度;⑤地温梯度。

14.分析化验统计表(十五)

填写内容主要有:①层位、井段;②样品种类;③分析项目。

15.井史资料(十六)

按工序,以大事纪要方式填写,文字应简练。

项目二 完井地质总结报告的编写

不同类型的井,由于钻探目的和任务不同,取资料要求和完井资料整理的内容也不相同。开发井的主要任务是钻开开发层系,完井总结报告不写文字报告部分,仅有附表。评价井仅在重点井段录井,文字报告部分也较简单。探井(预探井、参数井)完井总结报告要求全面总结本井的工程简况、录井情况、主要地质成果、提出试油层位意见,并对本井有关的问题进行讨论,指出勘探远景。下面着重介绍探井完井总结报告的编写内容和要求。

一、前言

简明扼要地阐述本井的地理、构造位置,各项地质资料的录取情况和地质任务的完成情况。进行工作量统计,分析重大工程事故对录井质量的影响,对录井工作经验和教训进行总结。简要记述工程情况和完井方法。使用综合录井仪的井,要总结综合录井仪录取资料的情况,尤其是对工程事故的预报,要进行系统总结并附事故预报图。

二、地层

(1)阐明本井所钻遇地层层序、缺失地层、钻遇的断层情况等。

(2)按井深及厚度(精确至 0.5 m)分述各组、段地层岩性特征(岩屑录井井段)、电性特征及岩电组合关系,交代地层所含化石、构造,含有物及与上下邻层的接触关系等,结合邻井资料论述不同层段的岩性,厚度在纵、横向上的变化规律。

(3)区域探井(参数井)根据可对比的标准层和标志层特征,结合各项分析化验和古生物资料及岩电组合特征,重点论述地层分层依据。根据录井、地震和分析化验资料,叙述不同地质时期的沉积相变化情况。

(4)使用综合录井仪录井的要结合综合录井仪资料叙述各段地层的可钻性,预探井、评价井要突出对地层变化和特殊层的新认识。

三、构造概况

说明区域构造情况(区域探井要简述构造发育史),叙述本井经实钻后构造的落实情况,结合地震资料和实钻资料对局部构造位置、构造形态、构造要素、闭合高度、闭合面积等进行描述评价。

四、油气水层评价

(1)分组段统计全井不同显示级别的油气显示层的总层数和总厚度。

(2)分组段统计测井解释的油气层层数和厚度。

(3)利用岩芯、岩屑、测井、钻时、气测、综合录井、荧光、钻时、井壁取芯、中途测试、分析化验等资料,对全井油气显示进行综合解释,对主要油气显示层的岩性、物性、含油性要进行重点评价,并提出相应的试油层位意见。使用综合录井仪录井的要用计算机处理出解释成果。

(4)叙述油、气、水层与隔层组合情况以及油、气、水层在纵、横向上的变化情况。统计出全井油、气、水(盐水层和高压水层)显示的总层数和总厚度。

(5)叙述油、气、水层的压力分布情况及纵向上的变化情况。

(6)碳酸盐岩地层,要叙述地层的缝洞发育情况。井喷、井涌、放空、漏失等显示要进行叙述分析和评价。

五、生、储、盖层评价

(1)生油层:分析生油层的厚度变化、生油特点、生油指标,区域探井(参数井)要重点分析。分组段统计生油层的厚度,根据生油指标评价各组段生油、生气能力及其差异。

(2)储集层:叙述储集层发育情况、砂岩厚度与地层厚度之比、储集层特征、物性特征及纵横向上的分布、变化情况。预探井和区域探井要特别重视对储层的评价,并分组段评价其优劣。

(3)盖层:分组段叙述盖层岩性、厚度在纵横向上的分布情况,并评价其有效性。

(4)生储盖组合:分析生、储、盖层分布规律,判断生、储、盖层的组合类型,评价生、储、盖组合是否有利于油气聚集、保存,是否有利于油气藏的形成。

六、油气藏分析描述

根据本井地层的沉积特征、构造特征、油气显示特征等,分析描述本井所处的油气藏类型、特点、保存条件、控制因素,初步计算油气藏储量。

七、结论与建议

(1)结论是对本井钻探任务完成情况及所取得的地质成果,通过综合评价得出的结论性意见;对本井沉积特征、构造特征、油气显示、油气藏类型等方面提出基本看法(规律性认识),并评价本井的勘探效益。

(2)建议是提出试油层位和井段,提出今后勘探方向、具体井位及其他建设性意见。

项目三 单井评价

一、单井评价的意义

单井评价是以单井资料为基础,以井眼为中心,结合区域背景,由点到面而进行的综合地质和钻探成果评价,是油气资源评价的继续和再认识,是油气勘探的组成部分。在钻探评价阶段,钻探一口、评价一口。在一个地区或一个圈闭的单井评价未完成前,决不能盲目再进行另一口井的钻探。开展单井评价具有很大的实际意义:第一,能够验证圈闭评价的钻探效果,说明含油与否的根本原因,总结钻探成败的经验教训,提高勘探经济效益。第二,促进多学科有机地结合,可使地震、钻井、录井、测井、测试等多种技术互相验证,互相促进。第三,促进科研与生产密切结合。开展单井评价既有利于科研,也有利于生产,是科研与生产结合的最好途径。第四,促进录井质量的提高。开展单井评价就是充分运用录井资料的全过程,不管哪一项、哪一环节的资料数据存在问题,都可在单井评价过程中反映出来,由此促使地质人员必须从思想上、组织上重视录井工作。凡开展单井评价的井,录井质量和评价水平都普遍地有所提高。

二、单井评价的基本任务

单井评价工作通常分为钻前评价、随钻评价、完井后评价三个阶段。三个阶段的任务各有侧重点,但又互相关联。钻前评价主要是根据已有的资料对井区地下地质情况进行预测,评价钻探目标,为录井工作做好资料准备,为工程施工提供地质依据。随钻评价是钻探过程中收集第一性资料进行动态分析,验证实际钻探情况与早期评价、地质设计的符合程度,并根据新情况的出现,提出下步钻探意见。完井后评价是对本井所钻的地层、油气水层进行评价,对井区的石油地质特征、油气藏进行研究评价,对本井的钻探效益进行综合评价,指出下一步的勘探方向。勘探实践证明,单井评价是勘探系统工程的重要环节,贯穿于整个钻探过程,该项工作的开展既可以促进录井技术的全面发展,又能大大地提高勘探效益。其主要任务是:

(1)划分地层。确定地层时代。

(2)确定岩石类型和沉积相。

(3)确定生油层、储油层和盖层,以及可能的生储盖组合。

(4)确定油气水层的位置、产能、压力、温度和流体性质。

(5)确定储集层的厚度、孔隙度、渗透率及饱和度。

(6)确定储层的地质特征(岩石矿物成分、储集空间结构和类型)及在钻井、完井和试油气过程中保护油气层的可能途径。

(7)确定或预测油气藏的相态和可能的驱动类型。

(8)计算油气藏的地质储量和可采储量。

(9)根据井在油气藏中的位置及井身质量确定本井的可利用性。

(10)通过投入和可能产出的分析,预测本井的经济效益。

（11）指出下一步的勘探方向。

三、具体做法

1. 钻前早期评价

在早期评价阶段，根据钻探任务书的目的和要求，对该井作出预测性地质评价，具体做法是：

（1）了解井位位置。包括地理位置、构造位置及地质剖面上的位置。

（2）区域含油评价。分析本区的成油条件、有利圈闭及本井所在圈闭的有利部位。

（3）预测钻遇地层。确定可能性最大的一个方案，作为施工数据。

（4）预测钻探目的层具体位置。在地层预测的基础上，进一步预测本井可能性最大、最有工业油流希望的储层作为主要钻探目的层，并预测含油层段的井深。

（5）预计完钻层位、完钻井深、完钻原则。

（6）提出取资料要求。根据预测可能钻遇的地层和油气水提出岩屑、岩芯、气测、测井、地震、中途测试、原钻机试油以及各种分析化验的要求。

（7）预测地层压力。根据地震和邻井钻井资料对本井的地层压力和破裂压力进行预测，为安全钻进和保护油气层提供依据。

（8）预测地质储量。根据已有资料评价预测全井可能控制的地质储量。

（9）对钻探任务书提供的数据和地质情况进行精细分析，把自己的新观点、新认识作为施工时的重点注意目标。

2. 随钻评价

在这个阶段，地质评价人员主要是做以下工作：

（1）与生产技术管理人员、录井小队负责人相结合，把早期评价的认识和设想传授给技术管理人员和小队人员，使现场工作人员更深入地了解钻探过程中可能遇到的情况。

（2）掌握钻探动态。把握关键环节，全面掌握各种信息，及时了解钻井工程进展情况和地质录井情况。

（3）落实正钻层位、岩性及含油气显示情况。

（4）及时分析本井的实钻资料，若发现油气层位置、岩性、层位与预计的有出入，应及时分析原因，提出预测意见。

（5）落实潜山界面和完钻层位。

（6）及时把钻探中所获得的新认识绘制成评价草图或形成书面意见供现场人员参考。

3. 完井后综合评价

本阶段的工作是单井评价过程中最重要的工作，是完井地质总结的深入。既要进行完井地质总结，又要对本井和邻井所揭示的各种地质特征进行本井及井区的石油地质综合研究。概括起来，主要从地层评价等八方面的内容来开展，具体做法如下。

（1）地层评价。

1）论证地层时代。利用岩性、电性特征、化石分布、断层特征、接触关系以及古地磁和绝对年龄测定资料等，论证钻遇地层时代并进行层位划分。

2）论证地层层序。通过地层对比，分析正常层序和不正常层序。如不正常，则搞清是否有断缺、超覆、加厚、重复、倒转。

3)综合地层特征。包括岩性特征和地层组合特征,即岩石的结构、构造、含有物、胶结物及沉积构造现象、各种岩石在地层剖面上有规律的组合情况。

4)在综合分析的基础上,编制地层综合柱状图、地层对比图、化石分布图、地层等厚图等相关图件。

(2)构造分析。

1)分析本井所处的区域构造,即一级构造特征、二级构造特征。

2)分析本井所处的局部构造。利用钻探资料落实局部构造的特征,利用地震、测井、地质等资料编制标准层、目的层顶面构造图。

3)研究构造发育史,说明历次构造对生储盖层的影响。

(3)沉积相分析。重点分析目的层段的沉积相,根据沉积相标志、地震相标志和测井相标志综合分析,分析到微相,并编制单井相分析图。

(4)储层评价。

1)论述储层在纵向上的变化特点,研究储层的四性关系和污染程度。

2)利用合成地震记录标定和约束反演等手段,对储层进行横向预测。

3)根据储层评价标准,对储层进行评价,编制储层评价图。

(5)烃源岩评价。

1)对单井烃源岩进行评价。研究分析烃源岩的岩性、厚度、埋藏深度、地层层位、分布范围及相变特征。

2)评价生烃潜力及资源量。利用有机地球化学指标,分析有机质的丰度、性质、类型及演化特征。确定烃源岩的成熟度,根据标准评价烃源岩的生烃能力,并估算资源量。

(6)圈闭评价。

1)利用录井分层数据解释地震剖面,修改和评价井区主要目的层的顶面构造图以及有关的构造剖面,确定圈闭类型。

2)依据有关图件,如构造图平面图、构造剖面图、砂体平面图等,确定圈闭的闭合面积、闭合高度和最大有效容积。

3)结合本区地层、构造发育史和油气运移期评价圈闭的有效性。

(7)油藏评价。

1)对探井油气层进行综合评价,编制单井油气层综合评价图。

2)评价本井钻遇的油气藏。类型、特点和规模,计算地质储量。

(8)有利目标预测。综合本井区油源条件、储层条件和圈闭条件的分析,并结合实际钻探的油气层情况和试油试采资料,全面论证本井区油气藏形成及成藏条件,预测油气聚集区,确定有利钻探目标,并做出钻探风险分析。

习题与思考题

1.如何进行岩屑录井岩性剖面的综合解释?

2.油、气、水层综合解释的一般原则是什么?

3.完井地质总结报告主要包括哪些内容?

4.如何进行单井评价?